# 101 Tipps für
# erfolgreiches E-Mail-Marketing

Neuerscheinungen, Praxistipps, Gratiskapitel,
Einblicke in den Verlagsalltag –
gibt es alles bei uns auf Instagram und Facebook

instagram.com/mitp_verlag      facebook.com/mitp.verlag

Michael Keukert

# 101 Tipps für erfolgreiches E-Mail-Marketing

mitp

**Bibliografische Information der Deutschen Nationalbibliothek**
Die Deutsche Nationalbibliothek verzeichnet diese Publikation in der
Deutschen Nationalbibliografie; detaillierte bibliografische Daten sind
im Internet über <http://dnb.d-nb.de> abrufbar.

Bei der Herstellung des Werkes haben wir uns zukunftsbewusst für
umweltverträgliche und wiederverwertbare Materialien entschieden.
Der Inhalt ist auf elementar chlorfreiem Papier gedruckt.

ISBN 978-3-7475-0018-7
1. Auflage 2020

www.mitp.de
E-Mail: mitp-verlag@sigloch.de
Telefon: +49 7953 / 7189 - 079
Telefax: +49 7953 / 7189 - 082

© 2020 mitp Verlags GmbH & Co. KG, Frechen

Lektorat: Sabine Schulz
Sprachkorrektorat: Petra Heubach-Erdmann
Coverbild: © 1xpert/stock.adobe.com
Cover: Christian Kalkert
Satz: III-satz, Husby, www.drei-satz.de
Druck: Medienhaus Plump GmbH, Rheinbreitbach

# Inhalt

# Über den Autor

Michael Keukert ist Vorstand der AIXhibit AG, einem der etabliertesten E-Commerce- und Onlinemarketing-Dienstleister im deutschsprachigen Raum. Er baute bei der AIXhibit AG das Ressort Onlinemarketing auf und gründete die Division »MailChimp Agentur« (*www.mailchimp-agentur.de*). Mit über 13 Jahren Erfahrung mit MailChimp gehört er zu den absoluten MailChimp-Spezialisten weltweit.

Michael Keukert ist seit 1989 im Internet unterwegs und seit 1993 beruflich im Bereich Onlinemarketing. Er ist Autor zahlreicher Veröffentlichungen zu diesem Thema, unter anderem auch des Buchs »MailChimp. Das Praxis-Handbuch«, ebenfalls im mitp-Verlag erschienen.

Michael Keukert hat einen Lehrauftrag an der FOM Hochschule, wo er die Fächer E-Commerce und Onlinemarketing unterrichtet. Zudem hält er Ringvorlesungen an der FH Aachen und spricht auf zahlreichen Konferenzen.

Michael Keukert erreichen Sie per E-Mail unter:
*michael.keukert@aixhibit.de*,
auf Xing finden Sie ihn unter:
*www.xing.com/profile/michael_keukert*.

# Einführung

E-Mail ist tot. Wie oft wurde diese Aussage in den letzten Jahren wiederholt und wie oft hat sie sich ein ums andere Mal als falsch erwiesen! Im gesamten Portfolio des Onlinemarketings, von A wie AdWords (mittlerweile Google Ads) bis Z wie Zapier gibt es kein anderes Werkzeug, das genau so effektiv, so einfach und so günstig ist wie das E-Mail-Marketing. Eine McKinsey-Studie aus dem Jahr 2015 (*http://www.mckinsey.com/ business-functions/marketing-and-sales/our-insights/why-marketers-should-keep-sending-you-emails*) attestiert E-Mail-Marketing eine 40 Mal höhere Effektivität als Facebook- und Twitter-Marketing zusammen!

In 22 Jahren Agenturerfahrung und 30 Berufsjahren im Onlinemarketing habe ich nur eine Handvoll Projekte erlebt, bei denen dem E-Mail-Marketing keine zentrale Rolle zukam. Gerade im Zusammenspiel mit anderen Onlinemarketing-Formen läuft die klassische E-Mail zu ganz großer Form auf und ist keine Konkurrenz zu Content Marketing auf Facebook-Pages oder gezielter Interessen-Werbung über Facebook Ads. Vielmehr greifen diese Werkzeuge ineinander und unterstützen sich gegenseitig.

Gerade Anfänger im Onlinemarketing machen häufig den Fehler, zu glauben, es gibt das *eine* Werkzeug, das dem Shop oder der Website zum Erfolg verhilft. Geschäftsführer oder Abteilungsleiter erhoffen sich von der magischen einen Wunderwaffe Einsparungen, Kostenkontrolle und besseren Return on Investment. Angestellte, denen nicht nur in kleinen Firmen häufig das Onlinemarketing zusätzlich zu ihren eigenen Aufgaben in Vertrieb, Support oder Sekretariat übertragen wird, wählen aus Unkenntnis oft das Werkzeug, von dem sie am wenigsten keine Ahnung haben. Das führt dann zu schlecht gepflegten Google-Ads-Konten oder lieblos geführten Facebook-Seiten. Der erwartete Erfolg bleibt aus, stattdessen wird Geld verbrannt und Chef und Mitarbeiter sind gleichermaßen frustriert.

Abhilfe verschafft hier geplantes und überlegtes Vorgehen und die Auswahl der passenden Werkzeuge. In jüngster Zeit nutzt man im Onlinemarketing bevorzugt das See-Think-Do-Modell des indischen Onlinemarketing-Spezialisten Avinash Kaushik. In seinem 2013 erschienen Artikel »See-Think-Do: A Content, Marketing, Measurement Business Framework« (*http://aix.li/thinkdo*) beschreibt er in Anlehnung an das klassische AIDA-Modell drei – beziehungsweise vier – Phasen einer Kundenbeziehung aus Onlinemarketing-Sicht.

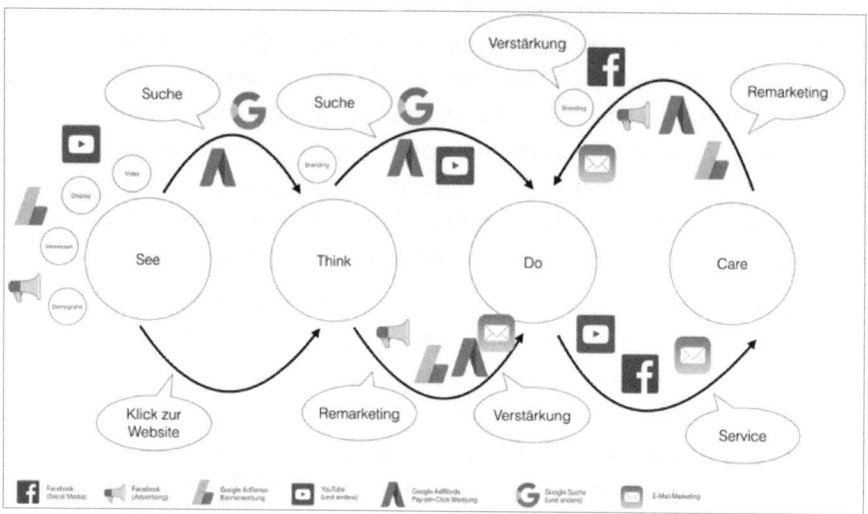

**Abbildung 1:** Die vier Phasen einer Kundenbeziehung nach Avinash Kaushik

Kaushiks Modell betrachtet die Phasen »See« (Wahrnehmen), »Think« (Nachdenken), »Do« (Handeln) und eine zusätzliche, vierte Phase »Care« (Kundendienst). Für jede dieser Phasen stehen Werkzeuge des Online-marketings zur Verfügung. Ein Werkzeug kann dabei für mehrere – oder auch nur für eine Phase – besonders geeignet sein. Welche Werkzeuge in Betracht kommen, hängt von der jeweiligen Zielgruppe, dem Budget und dem Geschäftsmodell ab. Einige Standards haben sich aber etabliert:

In der »See«-Phase geht es darum, zunächst einmal von potenziellen Kunden wahrgenommen zu werden. Möglicherweise haben diese potenziellen Kunden über die angebotenen Waren oder Dienstleistungen noch gar nicht nachgedacht, sodass Interesse geweckt werden muss. Dieses Interesse kann man sehr gut mit soziodemografischen

Werbeformen wecken, die sich an Interessen und Vorlieben der potenziellen Kunden orientieren. Hier hilft ein Blick auf die Gemeinsamkeiten, die der existierende Kundenstamm aufweist. Dieser gemeinsame Nenner kann dann beispielsweise mittels Facebook Custom Audiences und Facebook Lookalike Audiences adressiert werden. Diese Techniken selektieren aus den derzeit rund 33 Millionen deutschen Facebook-Nutzern (Stand Frühjahr 2019) diejenigen, die einem Interessenprofil entsprechen oder eine Ähnlichkeit zu bestehenden Kunden aufweisen. Diese (anonyme) Gruppe kann man dann gezielt mit Werbung ansprechen.

Nachdem nun die Aufmerksamkeit des potenziellen Kunden geweckt ist, ist die Aufgabe der »Think«-Phase, weiteres Nachdenken über ein Produkt oder eine Dienstleistung anzuregen. Vielfach recherchiert der Interessent zu diesem Zweck, weswegen in dieser Phase der Suchmaschinenwerbung über Google Ads oder Bing Ads eine besondere Rolle zukommt. Nicht zu vernachlässigen ist hier aber auch das Remarketing oder Retargeting, bei dem Besucher der eigenen Website digital markiert werden, um sie dann in der Folge mit individualisierter Werbung anzusprechen. Während in der »See«-Phase das E-Mail-Marketing nicht präsent ist, bietet die »Think«-Phase über niedrigschwellige Anmeldemöglichkeiten oder über den Tausch von E-Mail-Adresse gegen weitere Informationen den Einstieg in das Newslettermarketing. Interessenten wird die Möglichkeit geboten, sich für weiterführende Informationen per E-Mail anzumelden. Nach erfolgter Anmeldung spricht man von einer Kanalkonversion, da der Interessent von einem teuren Kanal (zum Beispiel Google Ads) auf einen günstigen Kanal (Newsletter) konvertiert wurde.

Die »Do«-Phase zielt nun auf eine Aktivität des Interessenten, also Kauf des Produkts oder der Dienstleistung, ab. In dieser Phase ist der Interessent bekannt und kann ganz gezielt mit für ihn relevanten Informationen bedient werden. Dies kann natürlich auch in dieser Phase beispielsweise über Google Ads Remarketing passieren, ist aber viel effizienter beim E-Mail-Marketing aufgehoben. Hier machen wir uns zunutze, dass das E-Mail-Marketing derzeit die einzige etablierte Push-Werbeform ist.

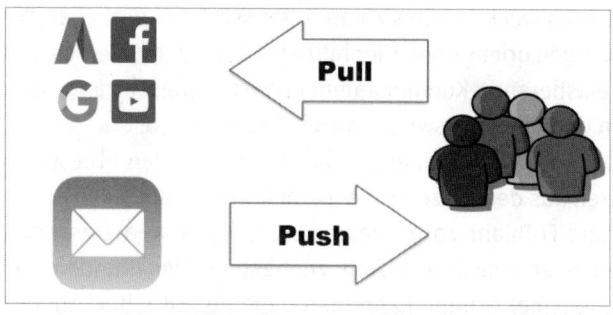

**Abbildung 2:** E-Mail-Marketing ist die einzige Push-Werbeform.

Bei den »Pull«-Werbeformen muss der Adressat von sich aus eine Aktion tätigen. Will ich eine Person per Facebook Ads erreichen, dann muss die Person auf Facebook aktiv werden. Möchte ich Twitter Ads einsetzen, dann hilft mir das nicht bei Personen, die nicht auf Twitter aktiv sind. Um Google-Ads-Suchmaschinenwerbung zu nutzen, muss der Adressat eine Google-Suche nach dem richtigen Keyword durchführen.

Ein Newsletter hingegen funktioniert nach dem »Push«-Prinzip: Ist die E-Mail-Adresse erfasst und liegt die Einwilligung zum Versand vor (auf die rechtlichen Grundlagen gehe ich etwas später ein), dann entscheidet der Werbetreibende, wann welche Werbebotschaft übermittelt wird. Zwar muss der Empfänger sie noch lesen, aber allein das Vorhandensein in der »Inbox«, dem Posteingang, stellt bereits einen Markenkontakt mitsamt Übermittlung der Kern-Botschaft dar. Somit stellt das Newsletter-Marketing einen Sonderfall im Onlinemarketing dar, dessen Potenzial gar nicht hoch genug eingeschätzt werden kann.

| Hinweis |
|---|
| Mit Push-Benachrichtigungen auf Smartphones schickt sich eine zweite Technologie an, in den interessanten Bereich der »Push«-Werbeformen vorzustoßen. Diese Technik ist 2019 aber noch nicht marktreif und unterliegt zahlreichen Einschränkungen. Es ist aber zu erwarten, dass eher früher als später ein Großer der Branche – meiner Meinung nach voraussichtlich Google als »Werbefirma mit angeschlossener Smartphone-Abteilung« möglicherweise aber auch Facebook – in diesen Markt eintritt. |

In der finalen »Care«-Phase ist der Interessent zum Kunden geworden und hat das Produkt oder die Dienstleistung gekauft. Er ist namentlich bekannt und auch das Produkt ist klar. Hier kann sich nun ganz auf die weitere Kundenpflege konzentriert werden. Eine alte Vertriebsweisheit besagt, dass es 7 Mal aufwendiger ist, einen neuen Kunden zu gewinnen, als einen alten Kunden zu einer neuen Aktion zu bewegen. Daher lohnt es sich, auch bei Bestandskunden nach dem Kauf regelmäßig präsent zu sein – ein ideales Szenario für regelmäßige Newsletter. Bedenken Sie aber auch, dass zufriedenen Bestandskunden auch Multiplikatoren sein können, die Ihnen neue Interessenten vermitteln.

## Gute und schlechte Newsletter und der Spam

Ich bin seit vielen Jahren als Berater und Referent in Sachen E-Mail-Marketing in Deutschland und dem europäischen Ausland unterwegs und weiß daher aus eigener Erfahrung, wie kontrovers das Thema selbst in den Marketing-Etagen von Unternehmen jeder Größe diskutiert wird. Zwar werden die quantitativ belegbaren Erfolge nicht angezweifelt, doch hat immer mindestens ein Teilnehmer einer solchen Runde eine Horrorstory parat von Newslettern, die nicht abbestellt werden können, und von nervigen, nicht relevanten Inhalten und plumper Werbung.

Warum hat E-Mail-Marketing, das erwiesenermaßen gut funktioniert, so einen schlechten Ruf? Weil einfach unglaublich viele unglaublich schlecht gemachte Newsletter die Postfächer verstopfen. Was einerseits nervt, ist aber im Umkehrschluss Ihre Chance.

Die Hauptkritik an schlechten Newslettern ist die fehlende Relevanz, gefolgt von der Nicht-Nachvollziehbarkeit der Anmeldung. Hier müssen sich leider die Marketing-Verantwortlichen in zahlreichen Firmen an die eigene Nase fassen. Solange nach Gutsherrenart mit Adressbeständen umgegangen wird, wird es – zu Recht – Beschwerden über unverlangte Werbung geben. Solange noch das Denken aus der »goldenen Print-Ära« mit gedruckten Kundenmagazinen und Angebots-Wurfsendungen vorherrscht, wo die Direct-Response-Postkarten-Gewinnspiele frische

Adressen zu den Adressvermietern spülten, so lange wird es auch schlechte Newsletter geben. Siehe hierzu auch die Tipps 18 und 21.

Verstehen Sie mich nicht falsch: Print hat nach wie vor seine Berechtigung und kann sehr effektiv auch zur Unterstützung von E-Mail-Marketing eingesetzt werden. Lediglich die Zeiten der einseitigen Kundenbeglückung nach der Gießkannenmethode sind definitiv vorbei!

Spam, also unverlangte Massen-Werbemails, sind das Urbild des schlechten Newsletters. Spam zeichnet sich aus durch:

- Unrechtmäßig erhobene Adressen
- Mailversand ohne Einwilligung
- Werbebotschaft ohne Berücksichtigung der Zielgruppe
- Unverblümt werblicher, marktschreierischer Inhalt

Lege ich diese Kriterien auf so manche Marketing-E-Mail an, die ich erhalte, dann müsste ich einen großen Teil auch rechtmäßig versendeter Newsletter als Spam einstufen.

Ein guter Newsletter ist zunächst einmal eines: Relevant! Wie ist die einfachste Art, relevant zu werden? An weniger Personen versenden! Was ist die zweit-einfachste Art, relevant zu werden? Inhalte straffen!

Stellen Sie sich vor, Sie bieten Urlaubsreisen an und erstellen einen Newsletter, in dem Sie Surfen auf Fuerteventura, Reitenlernen in Dänemark, eine Städtereise nach Paris und die Prager Bierkultur jeweils mit zahlreichen Bildern und Texten ausführlich anpreisen. Voller Stolz senden Sie diesen Newsletter mit dem Betreff »Neue Angebote bei XYZ-Reisen« an 10.000 Abonnenten. Was passiert? Nicht viel. Sie werden zwar einiges an Newsletter-Öffnungen messen können, aber die Klicks auf Ihre Angebote bleiben hinter den Erwartungen zurück. Gleichzeitig haben Sie aber zahlreiche Abmeldungen.

Ein näherer Blick auf die Adressliste zeigt, dass unter den 10.000 Personen lediglich 2.000 sportbegeisterte Singles sind. Mit einem Museumsbesuch in Paris können die nicht begeistert werden, mit einem Surfurlaub aber schon. Dumm nur, dass der ganz unten im Newsletter stand ...

Teilen wir die Liste doch mal auf: Es gibt Singles und Familien und es gibt Sportreisen und Erlebnisreisen. Daraus ergibt sich folgendes Raster:

| | Sportreisen | Erlebnisreisen |
|---|---|---|
| Singles | Surfen auf Fuerteventura | Tschechische Bierkultur in Prag |
| Familien | Reiten lernen in Dänemark | Museen, Shoppen und Oper in Paris |

**Tabelle 1:** Segmentierung über Interessen und Typ

Statt eines großen Newsletters versenden Sie jetzt an die 2.000 sportbegeisterten Singles ganz gezielt einen Newsletter, der nur den Surfurlaub bewirbt, verbunden mit dem griffigen Betreff »Stell' Dich den Atlantikwellen!« Mit einem Schlag ist der Newsletter massiv relevanter geworden. Auch hierzu habe ich ein paar Tipps zusammengestellt, zum Beispiel Tipp 45.

### Beispiel

Vor einigen Jahren hat meine Agentur das E-Mail-Marketing eines Herstellers im Automobil-Zubehörmarkt überarbeitet. Der Hersteller liefert primär an Kfz-Fachwerkstätten und hatte einen deutlich fünfstelligen Adressbestand. Sobald ein neues Produkt verfügbar war, wurde es per Newsletter an die Fachwerkstätten gemailt. Die vor unserem Engagement versendeten Newsletter führten zwar zu Bestellungen, die Ergebnisse der Auswertung waren aber eher mager.

Ein Kernpunkt unserer Optimierung bestand darin, die Werkstattadressen nach Automobilhersteller zu differenzieren. Wer Skoda verkauft, wird mit Ford nicht viel am Hut haben. Der BMW-Händler interessiert sich nicht für Mazda. Im Folgenden wurden neue Produkte nur noch an die Werkstätten beworben, die auch mit dem passenden Kfz-Typ arbeiteten. Das hatte zur Folge, dass manche Newsletter nur an wenige Hundert Empfänger gingen. Dafür nahm aber die Zufriedenheit der Empfänger mit dem Newsletter deutlich zu.

# Newsletter, Transaktionsmails & Co.

Da wir uns immer noch im Bereich der Einführung befinden, müssen Sie jetzt noch eine kleine Begriffsbestimmung über sich ergehen lassen. Es gibt nämlich einige kleine, aber wesentliche Unterschiede zu beachten.

In diesem Buch geht es primär um den klassischen Newsletter als eine Marketing-E-Mail, die, einmal erstellt, an alle Empfänger versendet wird. Die Beispiele des Reiseveranstalters weiter vorne zeigen aber bereits, dass diese Definition heutzutage nicht mehr umfassend gültig ist. Tatsächlich ist der Versand an den gesamten Adresspool zunehmend die Ausnahme, denn Segmentierungen erzielen einfach die besseren Ergebnisse. Trotz dieser Unterteilung spricht man aber auch hier noch meist von einem Newsletter als der häufigsten Form des E-Mail-Marketings.

Demgegenüber stehen die »Transaktionsmails«. Diese Mails werden einer einzigen Person als Resultat einer Transaktion, also zum Beispiel dem Einkauf in einem Onlineshop, gesendet. Der häufigste Vertreter der Transaktionsmail ist daher auch die »Bestellbestätigung«, die den Kunden darüber informiert, dass seine Bestellung im Onlineshop eingegangen ist.

Aber auch die Bestätigung über die Anmeldung zum Newsletter, die Mail mit den Trackinginformationen für den Paketversand, die Erinnerungsmail an den Arzttermin oder auch die Hinweismail auf eine veränderte Abfahrtzeit sind Transaktionsmails, da sie individuell für eine Person, basierend auf einer vorherigen Aktivität, versendet werden.

Ein Zwischending zwischen beiden Ansätzen ist die Automation, manchmal auch Marketing-Automation oder Autoresponder genannt. Hierbei handelt es sich um Mails, die basierend auf einem Ereignis (und nicht einer Transaktion) versendet werden. Ein solches Ereignis kann zum Beispiel der Jahrestag der Anmeldung zum Newsletter sein.

Richtet man eine solche Automation ein, dann prüft das E-Mail-Marketing-System jeden Tag, ob für einen oder mehrere der *existierenden* Empfänger die Ereignisbedingung zutrifft, und sendet so an einem Tag eine, am nächsten vielleicht keine und am übernächsten Tag möglicherweise 17 Mails raus. Die Mails sind inhaltlich jeweils identisch.

# E-Mail im Zeitalter von Adblockern

Vor gut vier Jahren habe ich am Rande einer Konferenz informell mit einem Google-Mitarbeiter der europäischen Zentrale in Dublin gesprochen und ihn zur Relevanz von Werbeblockern im Hinblick darauf befragt, dass Google einen erheblichen Teil seiner Einnahmen über Werbung generiert. Er gab zu, dass Google das Thema sehr genau beobachte, es aber eine absolute Randerscheinung sei und keinerlei Einfluss auf das einträgliche Werbegeschäft habe.

Heute wäre mein Ansprechpartner vermutlich nicht mehr so gelassen, denn Adblocker verbreiten sich rasant. Eine Studie der irischen Werbefirma PageFair (*www.pagefair.com*) ermittelte im August 2015 bereits 198 Millionen Nutzer von Filtersoftware gegen Werbung. Im November 2016 stieg der Anteil bereits auf 309 Millionen Nutzer an – und zwar nur für Adblocker auf Smartphones (die Studie von 2015 hatte nicht nach Gerätekategorie differenziert)! Grund für diesen rasanten Anstieg dürfte auch sein, dass Apple seit Mitte 2015 offiziell Werbeblocker für sein iPhone-Betriebssystem iOS unterstützt.

Wer seine Onlinemarketing-Strategie primär auf Google Ads, Bing Ads oder Facebook Ads ausrichtet, wird bei weiter anhaltendem Trend zum Adblocking eher früher als später ein Problem bekommen.

Spätestens angesichts dieses Szenarios wird es Zeit, strategisch über den Einsatz von E-Mail-Marketing nachzudenken. Nutzt man einen oder mehrere der oben genannten Kanäle, liefert man sich immer dem jeweiligen Anbieter aus. Wenn Facebook nicht genug über die Werbung verdient, können kurzerhand die Spielregeln verändert und die Preise angehoben werden. Bei der Nutzung von E-Mail-Marketing »gehört« Ihnen der Kanal hingegen. Es sind Ihre E-Mail-Adressen, es ist Ihre Werbung, Sie entscheiden, wann gesendet wird, und Sie wissen, an wen Sie welche Werbung senden. Selbst wenn Ihr Infrastrukturanbieter die Preise erhöht oder den Service einstellt, können Sie mit Ihrer Adressliste zum nächsten Anbieter wechseln.

# 101 Tipps

Doch nun genug der Vorrede! Auf den folgenden Seiten gebe ich Ihnen 101 Praxistipps zum E-Mail-Marketing. Diese Tipps haben sich in langen Praxisjahren herauskristallisiert und ich habe sie schon sehr häufig als Vortrag auf Konferenzen präsentiert – wenn es sein muss, als Tour de Force innerhalb von 20 Minuten. Dabei erstaunt mich immer wieder, wie viele dieser Tipps selbst von Kennern der Materie nicht beherzigt werden.

Wahrscheinlich haben Sie den ein oder anderen dieser Tipps schon instinktiv richtig umgesetzt. Ebenso wahrscheinlich ist aber auch, dass Sie sich mit der Hand gegen die Stirn schlagen und sich fragen, warum Sie einen offensichtlichen Tipp noch nicht selbst herausgefunden haben.

Meine Idealvorstellung wäre, dass Sie den Großteil der Tipps direkt live für Ihr E-Mail-Marketing umsetzen – und schon bald von besseren, attraktiveren und konversionsstärkeren Mails profitieren.

Gerne können Sie mich auch kontaktieren oder auf Xing oder LinkedIn hinzufügen. Meine E-Mail-Adresse ist *michael.keukert@aixhibit.de* – lassen Sie mich wissen, wenn Sie einen interessanten Newsletter haben.

Aachen, im Herbst 2019

# 101 Tipps zum E-Mail-Marketing

Die folgenden Tipps entspringen der Praxis. Sie haben sich aus langjähriger, oft schmerzhafter Erfahrung herausgebildet. Zu jedem Tipp gibt es eine Geschichte, einen Erfahrungswert und einen Lernerfolg. Viele Tipps kann ich mit einem aussagekräftigen Screenshot illustrieren – bei manchen Tipps muss ein Symbolbild herhalten.

Meine Mutter war Lehrerin, ich selbst liebe es, Wissen zu vermitteln, und halte Vorlesungen an der FOM-Hochschule und Gastvorlesungen an der FH Aachen. Ich glaube fest daran, dass Lernen Spaß machen soll und eine Prise Humor dem Ganzen hilft. Daher finden Sie in den folgenden 101 Tipps oft ein Augenzwinkern – was der Ernsthaftigkeit der Themen aber keinen Abbruch tut.

## #1 Senden Sie mehr E-Mails!

Dürfte ich Ihnen nur einen einzigen Tipp geben – es wäre dieser. Sie senden zu wenige E-Mails! Sie haben einen quartalsweisen Newsletter? Stellen Sie auf monatlich um! Sie versenden monatlich? Stellen Sie auf wöchentlich um! Sie versenden wöchentlich? Machen Sie es zweimal die Woche!

Einer unserer Kunden versendet *zwei* Newsletter *am Tag* – einen am Morgen und einen am Abend. Und wissen Sie was? Die Empfänger lieben sie!

Im Jahr 2015 haben wir zusammen mit dem Marketing-Lehrstuhl der FH Aachen eine Untersuchung unter Newsletter-Abonnenten durchgeführt und ein Ergebnis der Studie war, dass die Teilnehmer mehr E-Mails bekommen möchten, wenn sie denn relevant sind.

Für eine große Organisation aus dem Non-Profit-Bereich haben wir über drei Jahre lang die Newsletter-Nutzung bei den Empfängern analysiert. Basierend auf unseren Empfehlungen wurde die Sendefrequenz schrittweise von circa drei bis fünf Mal im Jahr auf derzeit im Schnitt alle zehn

Tage angehoben. Im gleichen Zeitraum sind die eindeutig auf den News-letter zurückzuführenden Interaktionsraten, gemessen in Antworten, Website-Besuchern und Aktivitäten wie Spenden oder Unterzeichnen von Petitionen, deutlich gestiegen.

**Abbildung 1.1:** Mit dieser Botschaft halte ich landauf landab Vorträge.

## #2  Nutzen Sie ein E-Mail-Marketing-Tool

»Das ist doch im Endeffekt ein Serienbrief?«, sagte der Geschäftsführer der Stiftung, die ich besuchte. Warum er denn nicht gleich Microsoft

Word nehmen könne, statt einer separaten Lösung, für die dann finanzieller und personeller Aufwand nötig wäre. Word würde er kennen – wie schwer kann es sein?

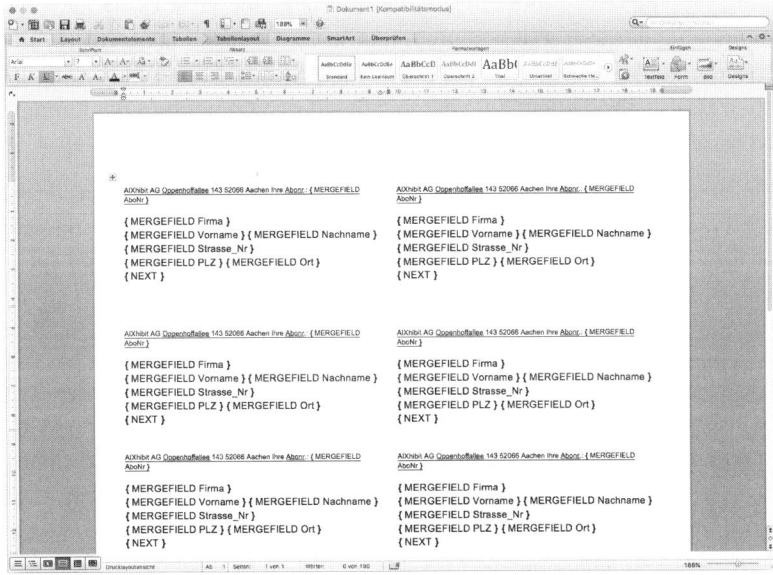

**Abbildung 1.2:** Auch wir benutzen immer noch Word-Serienbriefe. Diese sind aber kein Ersatz für E-Mail-Marketing.

Am liebsten hätte ich mit dem markanten Spruch auf meinem Lieblings-Aufkleber geantwortet – der geneigten Leserschaft seit der Website *https://shop.kannstemachen.de/* zur Erklärung empfohlen. Es gibt aber eine Reihe handfeste Gründe, warum man das E-Mail-Marketing *nicht* Word, Outlook oder anderen fachfremden Programmen überlassen sollte.

Gerade bei kleinen Adressverteilern (einige Dutzend bis wenige Hundert) ist man häufig in Versuchung, das sowieso vorhandene Mail-Programm zu nutzen und alle Adressaten in die BCC-Zeile (Blind Carbon Copy – Blindkopie) zu packen. Auch gibt es lokal zu installierende Programme, die einfachen Massenmail-Versand vom heimischen Computer versprechen. Von beiden Lösungen (wie auch der Word-»Lösung«) ist dringend abzuraten, denn sie verwenden alle den Mailserver Ihres Internet-Providers oder – falls vorhanden – den Mailserver Ihrer Firma zum Versenden.

Internet-Provider haben in der Regel Limits, wie viele Mails Sie insgesamt pro Tag oder Stunde versenden können, wie viele Mails Sie kurz hintereinander versenden können und wie viele Mails (nahezu) identischen Inhalts Sie versenden können. Diese Limits dienen dazu, heimlichen Mailversand durch Schadsoftware auf den Computern der Kunden zu verhindern.

Ein Newsletter-Versand über Outlook oder Word lässt dann beim Internet-Provider alle Alarmglocken klingeln: viele Mails identischen Inhalts in sehr kurzer Zeit. Ein typisches Zeichen für Spamversendung über einen verseuchten Computer. Die Folge: Der Mailversand wird für einen Tag gesperrt und eine böse/besorgte Mail kommt vom Sicherheitssystem Ihres Internet-Providers.

Schwerwiegender können die Folgen sein, wenn Sie Ihren eigenen Mailserver betreiben, was ab mittleren Firmengrößen durchaus wahrscheinlich ist. In diesem Fall kann es passieren, dass Ihre Newsletter-Aussendung auf einer »schwarzen Liste« (Realtime-Blacklist, RBL – siehe *https://de.wikipedia.org/wiki/DNS-based_Blackhole_List*) landet, was zur Folge hat, dass Ihr *gesamter* Mailserver bei zahlreichen Empfängern blockiert wird und somit *jeglicher* Mailversand – auch reguläre individuelle Mails – unmöglich ist. Den Mailserver wieder von einer solchen schwarzen Liste zu löschen, ist extrem nervig und zeitaufwendig – mitunter sogar nahezu unmöglich.

Dieses Problem adressieren auf E-Mail-Marketing spezialisierte Programme, die in aller Regel als webbasierte (Cloud-)Lösung angeboten werden. In meiner Agentur AIXhibit AG präferieren wir den Marktführer MailChimp (*http://www.mailchimp-testen.de*), zu dem ich im mitp-Verlag auch das MailChimp-Buch veröffentlicht habe. Es gibt aber noch einige andere Programme in diesem Bereich, die verschiedene Nutzergruppen anpeilen, was sich in Preisstruktur und Funktionsumfang zeigt. Interessanterweise orientiert sich ein Großteil der derzeit verfügbaren Lösungen aber an MailChimp, das seit über 15 Jahren die Technologieführerschaft innehat.

Diese Programme erleichtern Ihnen die Arbeit gleich auf zwei Arten. Die meisten haben ihre eigene Mailserver-Infrastruktur zum Versand der Mails, sodass Ihr eigener Mailserver oder Ihr Vertragsverhältnis zu Ihrem Internet-Provider nicht gefährdet ist. Zum anderen bieten sie einen Funktionsumfang, der auf das möglichst einfache und effiziente Verwalten von Adresslisten und Mailvorlagen ausgerichtet ist und mit dessen Hilfe Sie sich auf das Wesentliche bei Ihrem E-Mail-Marketing konzentrieren können: Gute Inhalte!

| Hinweis |
|---|
| MailChimp als Marktführer hat sehr viel Zeit und Energie in die Erforschung von Spam (unerwünschte Werbe-E-Mail) – insbesondere unbedacht und unabsichtlich versendetem Spam – investiert. MailChimps Erkennungsroutinen sind dabei so gut geworden, dass Sie aktiv gewarnt werden, sollte MailChimp vermuten, dass Sie Spam versenden könnten. |

# #3 Abonnieren Sie die Newsletter der Konkurrenz

Bei diesem Tipp ernte ich bei Konferenzen meist das erste Stöhnen, denn es ist *so* offensichtlich, aber die wenigsten Personen machen es. Ein Blick auf die Webseiten der Konkurrenz sollte eh alle paar Monate zu Ihrer Routine gehören – warum also nicht gleich erledigen und sich dann auf jeden Newsletter anmelden, den Sie finden.

Interpretieren Sie den Begriff »Konkurrenz« so breit wie möglich. Nicht nur Ihre unmittelbaren Wettbewerber, auch überregionale oder internationale Marktbegleiter gehören dazu. So erfahren Sie direkt, was gerade in Ihrer Branche so passiert.

»Ja, die melden sich auch immer auf meinem Newsletter an. Ich lösche die dann immer direkt runter«, sagte mir einmal ein Marketingleiter und fügte stolz hinzu: »Ich selbst bin bei denen ja mit meiner GMX-Adresse angemeldet – das merken die nicht.«

Er war etwas entsetzt, als ich ihn fragte, ob er tatsächlich glaube, dass seine Gegenüber bei den Mitbewerbern nicht – ebenso wie er – auch eine nicht nachverfolgbare E-Mail-Adresse für seinen Newsletter nutzen.

Ich würde Ihnen empfehlen, keine Zeit darauf zu verschwenden, zu versuchen, Mitbewerber von Ihrem Newsletter fernzuhalten. Das klappt nicht. Ich empfehle aber ebenso, dass Sie sich *dennoch* mit *zwei* Adressen bei den Mitbewerbern anmelden: Einmal mit Ihrer offiziellen E-Mail-Adresse, die Ihrem Konkurrenten bekannt sein könnte, und einmal mit einer nicht zuzuordnenden Freemailer-Adresse von z. B. gmx.de, gmail.com oder anderen. Aus der Tatsache, ob auf beiden Adressen das Gleiche ankommt, können Sie viel über die Aktivitäten der Marketingabteilung Ihres Marktbegleiters lernen.

# #4 Abonnieren Sie generell andere Newsletter

E-Mail-Marketing unterliegt genau so Trends wie andere Werbeformen auch. Sehgewohnheiten verändern sich, aktuelle Ereignisse »gehen viral«, Themen wie Hitzewellen oder große Sportereignisse finden ihren Weg in die elektronische Kommunikation.

Verlassen Sie Ihre »Filterblase« und schauen Sie, wie Personen aus anderen Branchen ihr E-Mail-Marketing betreiben. Lassen Sie sich inspirieren, greifen Sie gute Ideen auf und nutzen Sie diese für sich selbst.

Wir haben in der Agentur einen eigenen Mailaccount, auf den jede Mitarbeiterin und jeder Mitarbeiter ungefragt Newsletter abonnieren darf. Das Postfach ist für alle verfügbar, sodass man immer sehen kann, was derzeit in Sachen Newsletter »angesagt« ist.

Sie haben einen guten Newsletter? Setzen Sie *newsletter@mailchimp-agentur.de* auf Ihre Abonnentenliste ☺.

| Betreff | Beteiligte | Datum |
|---|---|---|
| Tickets für Paderborn und Hoffenheim | 1. FC Köln | 07.10.19, 17:29 |
| Unsere persönlichen Empfehlungen \| NEUHEITEN | Bergfreunde Newsletter | 08.10.19, 06:02 |
| Allongement naturel des cils grâce aux sérums pour les cils | Lena de PerfectHair.ch | 08.10.19, 06:46 |
| Praepaed: Anmeldung bestätigen | Ali Döhler | 08.10.19, 10:03 |
| Anmeldung Newsletter bestätigen | Weyergans High Care Support | 08.10.19, 11:27 |
| MADE IN .... MADE BY .... | InteriorPark. | 08.10.19, 14:15 |
| Start in die neue Trainingswoche | 1. FC Köln | 08.10.19, 19:52 |
| Events im WORQS – Oktober 2019 | WORQS Coworking | 09.10.19, 08:15 |
| Sparen mit dem neuen SATURN-Prospekt! | SATURN Newsletter | 09.10.19, 10:34 |
| London calling \| Lean innovation \| New smecies | smec News | 09.10.19, 16:34 |
| Gratis Hachez-Täfelchen für Sie, Carola Wagner! | Lieferello | 09.10.19, 17:01 |
| Die Welt von oben sehen | Holzkern News | 09.10.19, 17:32 |
| Editor's Picks of the Week | Chrono24 Editor's Picks | 09.10.19, 20:09 |
| Nur heute: 50% auf Edelrid Fleecejacken | Bergfreunde Preisgrounder | 10.10.19, 06:03 |
| Werbetechnik online selbst gestalten | CEWE-PRINT.de | 10.10.19, 09:44 |
| Jetzt exklusiven Rabatt für den Design Thinking Workshop Düsseldorf sichern! | Annika Theisen vom STARTPLATZ | 10.10.19, 11:30 |
| Wir bleiben draußen – entdecke unsere vielen Highlights im Oktober | Globetrotter Ausrüstung | 10.10.19, 11:35 |
| "Ok, Advent – kannst kommen!" Die Schoko-Adventskalender sind wieder da. | dm Foto-Paradies | 10.10.19, 12:20 |
| Lieber Fotokunde, so gelingt Ihnen das perfekte Reise-FOTOBUCH! | Müller Fotoservice | 10.10.19, 12:22 |
| Bis zu 70% \| Unschlagbare Herbstdeals für Dein Wochenende! | Bergfreunde Newsletter | 11.10.19, 06:00 |
| Weekly: CLEW bei "Die Höhle der Löwen" | shopware AG | 11.10.19, 08:50 |
| Newsletter 12 \| 2019 – Der PARITÄTISCHE Hamburg | Der PARITÄTISCHE Hamburg | 11.10.19, 10:32 |
| Newsletter #11 / 2019 | Riese & Müller | 11.10.19, 15:27 |
| AKTION für DICH ❤ Bist DU schnell genug? Es könnte wild werden! | Tredy-Fashion | 11.10.19, 16:15 |
| Der goldene Herbst am Bodensee – Farben Rausverkauf | Susanne Reisser - Art und Porzellan | 11.10.19, 18:14 |
| Wanderherbst \| Patagonia, Schöffel, Vaude... | Sporthaus Schuster | 11.10.19, 18:41 |
| Top-Tarife mit genialen Smartphones | SATURN Newsletter | 11.10.19, 20:10 |
| Können Sie ein Geheimnis bewahren? | navabi | 08:42 |
| 5 € Rabatt auf alle Digitaldruck-Fotobücher! | Lidl-Fotos | 09:04 |

**Abbildung 1.3:** Ein eigenes Postfach für fremde Newsletter ermöglicht darauf einen einfachen Zugriff.

# #5 Verwenden Sie einen aussagekräftigen Absender

Wissen Sie, was der häufigste Absendername ist, den ich in meiner langjährigen Praxis immer wieder antreffe? Es ist »Firma XYZ GmbH & Co.KG.« oder was auch immer die vollständige Firmenbezeichnung des Absenders ist.

Es gibt *keine* gesetzliche oder technische Anforderung, dass der vollständige Firmenname im Absender stehen muss! Natürlich sollten – und dürfen – Sie die Empfänger Ihres E-Mail-Marketings nicht täuschen. Das regelt das »Gesetz gegen den unlauteren Wettbewerb« (UWG) in §5, der sich mit irreführenden Handlungen beschäftigt. Solange aber keine Irreführung vorliegt – wie beispielsweise die Verwendung des Firmennamens Ihres Mitbewerbers als Absender (ja, alles schon erlebt) –, können Sie auch Namen von eigenen Produkten, Geschäftsbereichen oder von Personen in Ihrer Organisation verwenden.

Der iPhone-Hersteller Apple nutzt für sein E-Mail-Marketing nicht etwa »Apple Distribution International Ltd., Ireland«, die für Europa rechtlich zuständige Firma im Apple-Konzern als Absender, sondern vielmehr lediglich »Apple« oder »App Store«, wenn es sich um einen Newsletter mit Bezug auf das iPhone handelt, oder »Mac App Store« bei Mails rund um die Apple-Computer.

**Abbildung 1.4:** Der Absendername sollte dem Empfänger auf Anhieb etwas sagen.

Für Personen, die Produkte oder Dienstleistungen bei Apple registriert haben – und nur diese bekommen diese E-Mails –, ist somit sofort die Relevanz hergestellt und sie wissen, in welchem Zusammenhang die Mails stehen.

Über Öffnung oder Nichtöffnung einer Mail entscheiden oft nur Sekundenbruchteile. Der Absendername ist eines von drei Kriterien, die dafür relevant sind. Verschenken Sie nicht wertvolle Mikrosekunden, in denen die Empfänger rätseln, von wem die Mail kommt!

# #6 Der Absendername ist nicht die E-Mail-Adresse

Kaum ein E-Mail-Programm zeigt heutzutage noch die E-Mail-Adresse des Absenders an. Vielmehr wird stattdessen der Absendername genommen, wie Sie im vorhergehenden Tipp gesehen haben. Die eigentliche E-Mail-Adresse ist nahezu nebensächlich – vielfach wird »newsletter@...« oder »info@...« genommen, ich habe aber auch schon interessantere Versionen wie »redaktion@...«, »team@...« oder »hallo@...« gesehen.

Im Umkehrschluss bedeutet das aber auch, dass Sie verschiedene Absender*namen* für die gleiche Absender*adresse* nehmen können. Fast alle E-Mails, die Sie auf der Abbildung im vorhergehenden Tipp sehen, kommen von der Absenderadresse *appstore@insideapple.apple.com*. Und die Weihnachtsgrüße des Geschäftsführers Ihres Unternehmens können unter »newsletter@...« versendet werden, obwohl ihr oder sein Name als Absender erscheint.

# #7 Authentifizieren Sie die Absenderadresse

Bei der Benutzung eines E-Mail-Marketingprogramms wie MailChimp müssen Sie die Absenderadresse in jedem Fall bestätigen, denn der Betreiber der Lösung muss ja sicherstellen, dass Sie auch über die Adresse verfügen.

Dazu geben Sie die gewünschte Absenderadresse ein, das System schickt eine Mail mit einem Bestätigungscode oder Bestätigungslink dorthin, und sobald das dann über Eingabe des Codes oder Anklicken des Links verifiziert wurde, können Sie die Adresse benutzen.

Dies ist eine Grundvoraussetzung zum Betrieb dieser Programme und *nicht* mit diesem Tipp gemeint.

Die meisten Programme bieten neben dieser *Verifizierung* der Adresse zusätzlich noch eine *Authentifizierung* an. Um zu verstehen, worum es sich dabei handelt, müssen Sie sich klar machen, wie eine Mail eigentlich transportiert wird. Wenn Sie mir eine Mail an meine Adresse *michael.keukert@aixhibit.de* schreiben, dann überträgt Ihr Mailprogramm diese zunächst an den für Sie zuständigen Mailserver, der dann wiederum meinen zu kontaktieren versucht:

Server von Andrea Müller: Hey, ich bin Andrea Müller, bist du für aixhibit.de zuständig?
Mein Server: Hallo Andrea, was gibt's?
Server von Andrea Müller: Ich habe eine Mail für *michael.keukert@aixhibit.de*. Nimmst Du die an?
Mein Server: Klar, immer her damit.

Das ist der Ablauf bei einer individuellen Mail, die Sie schreiben. Jetzt wollen Sie aber einen Newsletter über beispielsweise MailChimp versenden. Dann sieht der Dialog anders aus:

MailChimp-Server: Hey, ich bin Andrea Müller, bist du für aixhibit.de zuständig?
Mein Server: Ähh... *wer* bist du?
MailChimp-Server: Andrea Müller, hab ich doch gesagt.
Mein Server: <*guckt noch mal genau auf den Namen*> Ooooookay ... das glaube ich zwar nicht so ganz, aber sag mal, was du willst.

Je nachdem, wie scharf die Mailserver auf die Erkennung von unerwünschter Mail (Spam) eingestellt sind, schlägt der übermittelten Newsletter-Mail erhebliche Skepsis bis hin zur Ablehnung entgegen. Wie schön wäre es doch, wenn der Newsletter irgendwie beweisen könnte, dass er die Mails im Auftrag senden darf ...

MailChimp-Server: Hey, ich bin MailChimp, ich sende im Auftrag von Andrea Müller, bist du für aixhibit.de zuständig?
Mein Server: Kannst du das beweisen?
MailChimp-Server: Klar, hier sind meine Referenzen.
Mein Server: <*prüft die Referenzen*> Alles klar, was kann ich für dich tun?

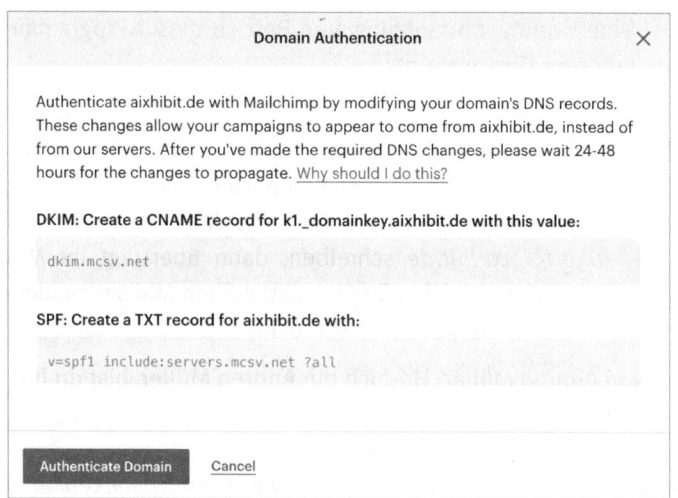

**Abbildung 1.5:** MailChimp gibt alle Angaben für die SPF- und DKIM-Authentifizierung vor.

Sie ahnen es schon, denn genau darum geht es bei der Authentifizierung. Hier haben sich zwei Verfahren namens »DomainKeys« (DKIM) und »Sender Policy Framework« (SPF, manchmal auch »Sender Permitted From«) als Standard etabliert, von denen Sie mindestens eines, gerne auch beide benutzen sollten. Über diese Verfahren erlauben Sie einem E-Mail-Marketingprogramm, in Ihrem Namen Mails zu versenden. Die Einrichtung ist etwas technisch – hier hilft es, sich an die Person zu wenden, die Ihren DNS-Record verwaltet. In einer Firma ist das in der Regel die IT-Abteilung.

## #8 Passende Absender für passende Themen

Erinnern Sie sich noch an den Screenshot zu Tipp Nummer 5? Die dort benutzten Absendernamen waren »App Store«, »Apple Books«, »Mac App Store«, »Apple Support« und »Apple Developer«. So ist für mich als Empfänger von vornherein klar, auf welchen Produkt- oder Dienstleistungsbereich sich die Mail bezieht.

Wenn Sie Newsletter für einen Musikverein versenden, dann ist es für den Empfänger schon wichtig zu wissen, ob es sich um Verlautbarungen des Vorstands handelt oder um Informationen aus der Jugendabteilung

In einer Firma bietet es sich an, für verschiedene Abteilungen, Produkt- oder Dienstleistungsbereiche auch verschiedene Absendernamen zu verwenden.

Auch dies erhöht die Relevanz beim Empfänger und hilft, die kritische Phase vor der Öffnung zu überstehen.

## #9 Experimentieren Sie mit den Absendern ...

Gerade wenn Sie mit Ihren E-Mail-Marketingbemühungen noch am Anfang stehen, bietet es sich an, mit den Absendernamen etwas zu experimentieren. Bei kleinen Empfängerlisten können Sie von Aussendung zu Aussendung variieren, bei größeren Listen können Sie auch einen sogenannten »A/B-Test« machen, bei denen die Empfängergruppe geteilt wird und jeweils verschiedene Varianten enthält.

Nehmen wir an, Sie sind Produktmanager und würden E-Mail-Marketing für ein Produkt Ihrer Firma machen. Gängige Variationen für den Absender wären dann:

- Firmenname
- Produktname
- Ihr Name, Firmenname
- Firmenname, Ihr Name
- Firmenname, Produktname
- Produktname, Firmenname

Probieren Sie einfach aus, was am besten funktioniert, aber erwarten Sie weder massive Unterschiede noch Resultate nach zu kurzer Zeit.

# #10  ... aber nicht zu viel ...

Experimente und Tests in allen Ehren, aber man kann es auch übertreiben. Wenn Sie aber einmal eine Kombination gefunden haben, die gut geht, behalten Sie sie bei. Irgendwann schlägt das nämlich auch ins Gegenteil um. Wenn der Newsletter jedes Mal einen anderen Absendernamen hat, trägt das im Endeffekt mehr zur Verwirrung bei.

| | | |
|---|---|---|
| Erfrischende Ideen für Sommertage 🌞 | Globetrotter Ausrüstung | 03.07.19, 12:12 |
| Schöffel zum Vorteilspreis – nur jetzt -15% günstiger! | Schöffel @ Globetrotter | 06.07.19, 07:08 |
| Warum in die Ferne Schweifen – entdecke unsere vielen Highlights im Juli 🌿 | Globetrotter Ausrüstung | 10.07.19, 12:31 |
| 🎽 20% auf sommerliche T-Shirts 👕 & 15% auf ausgewählte Ausrüstung von FRI... | Globetrotter | 13.07.19, 08:10 |
| Fernweh war gestern! Folge dem Ruf deiner Region 🌍 | Globetrotter Ausrüstung | 17.07.19, 12:25 |
| Ups, da ist etwas schief gelaufen! | Globetrotter Ausrüstung | 17.07.19, 18:20 |
| -15% auf alles von Helinox! ⛺ | Helinox @ Globetrotter | 20.07.19, 08:44 |
| Nicht verpassen: Möbel für Unterwegs – klein, leicht & jetzt -15% reduziert! | Helinox @ Globetrotter | 22.07.19, 19:11 |
| 🏖 20... 30... 50% – wir starten in den Summer-Sale! | SUMMER SALE @ Globetrotter | 25.07.19, 12:24 |
| Ab sofort! 🏖 SUMMER-SALE – bis 50% günstiger! | SUMMER SALE @ Globetrotter | 27.07.19, 07:07 |
| 👜 genau passend für dich! | Globetrotter SUMMER-SALE | 01.08.19, 11:43 |
| -50 % auf Fjällräven, Frilufts, Patagonia, Icebreaker und vielen weiteren Marken! 🎒 | Globetrotter SUMMER-SALE | 09.08.19, 12:17 |

**Abbildung 1.6:** 1 Monat, 12 Newsletter, 6 Absender – fast schon ein bisschen viel Varianz

# #11 ... außer zur Reaktivierung

Es gibt aber eine Gruppe unter Ihren Newsletter-Abonnenten, mit denen Sie (nahezu) hemmungslos experimentieren können: die Inaktiven!

**Abbildung 1.7:** Reaktivierungskampagnen schaffen es oft, inaktive Newsletter-Empfänger wieder zu engagieren

Auch der beste Newsletter hat eine Gruppe von Abonnenten, die mit der Zeit immer weniger interagieren und immer weniger lesen – und dies noch nicht mal aus böser Absicht, sondern aus »Newsletter-Müdigkeit«. Und genau wie einen schläfrigen Kneipengast kann man diese Empfängergruppe gleichsam »wachrütteln«, indem man Dinge verändert und sie so in ihrer Ignoranz-Routine stört.

Hierbei eignet sich das Ändern des Absendernamens – viel mehr aber noch der Absender*adresse* – sehr gut. Manche modernen Mailprogramme lernen aus dem Verhalten des Empfängers. Wenn der Empfänger längere Zeit Ihren Newsletter – aus welchen Gründen auch immer – nicht geöffnet hat, sortieren diese Programme alle weiteren Mails dieses Absenders als »unwichtig« ein.

Durch das Ändern der Absenderadresse und/oder des Namens durchbrechen Sie diese Einstufung und werden dem Abonnenten wieder gewahr – im Idealfall mit neu entfachtem Interesse.

## #12 Jemand sollte die Rückläufer lesen

Im Englischen spricht man von einem »no brainer«, einem Sachverhalt, der so offensichtlich ist, dass man kein Gehirn braucht, um ihn zu verstehen. Umso erstaunter bin ich über die Zahl der Newsletter, die unter »no-reply@...«-Adressen in unserem Sammelpostfach auflaufen.

Die Frage ist nicht, *ob* jemand inhaltlich sinnvoll auf Ihren Newsletter antwortet, sondern, *wann* das jemand tut. Wünschen Sie wirklich, dass diese Reaktionen entweder mit einer Unzustellbarkeitsmeldung quittiert werden oder in einem verwaisten Postfach langsam Schimmel ansetzen oder gar aktiv zurückgewiesen werden? Wohl kaum.

Klar ist es nervig, die ganzen Urlaubsabwesenheitsmeldungen zu bekommen. Ich sage auch nicht, dass dieses Postfach dauerhaft penibel gelesen werden muss. Aber an den zwei bis drei Tagen nach einem Versand sollte schon jemand reinschauen (und die Urlaubsmeldungen löschen).

Bedenken Sie weiterhin, dass an diese Adresse auch jemand seine Newsletter-Abmeldung senden könnte. Dazu im nächsten Tipp mehr.

Aus Agenturerfahrung empfehle ich Ihnen jedoch, nicht die »info@...«-Adresse für die Rückläufer zu nehmen, sondern eine eigene Adresse. Das macht das Leben ein bisschen einfacher.

# #13 Entfernen Sie Abmelder auch, wenn diese anrufen oder mailen

Abonnenten müssen sich jederzeit von Ihrem E-Mail-Marketing abmelden und ihre Zustimmung damit widerrufen können. Das verlangen nicht nur die Nutzungsbestimmungen aller Newsletter-Programme, das ist auch – zuletzt durch die Datenschutzgrundverordnung (DSGVO) – rechtlich verankert.

Als Mittel der Wahl hat sich der Abmeldelink unter jeder Newsletter-Aussendung etabliert. Programme wie MailChimp und andere gehen sogar so weit, dass sie einen Abmeldelink zwangsweise unter jede Mail setzen, sollte dieser vom Ersteller vergessen oder versehentlich gelöscht worden sein. Die Abonnenten haben so jederzeit die Möglichkeit, sich abzumelden. Klare Sache.

So weit, so klar, so falsch.

Die rechtlichen Rahmenbedingungen schreiben nämlich ganz bewusst *keinen* bestimmten Weg vor, wie eine Abmeldung zu erfolgen hat. Der Empfänger von E-Mail-Marketing-Mails kann seine Zustimmung zum Empfang auf einem beliebigen Weg widerrufen. Wenn es Spaß macht, auch per berittenem Boten.

Keine Sorge, der überwiegende Teil der abmeldewilligen Personen wird den Abmeldelink nutzen. Aber es vergeht kaum eine Woche, in der nicht bei einem von uns betreuten Newsletter eine Abmeldung per Mail – üblicherweise an die »info@...«-Adresse – oder per Telefon erfolgt. Ignorieren hilft da nicht – Sie sind verpflichtet, diese Person aus den jeweiligen Verteilern auszuschließen, auch wenn es unbequem ist und Arbeit macht.

Auch dies ist ein Grund, die E-Mail-Adresse, über die ein Newsletter versendet wird, im Auge zu behalten. Denn auch über diese Adresse werden Abmeldewünsche eintrudeln.

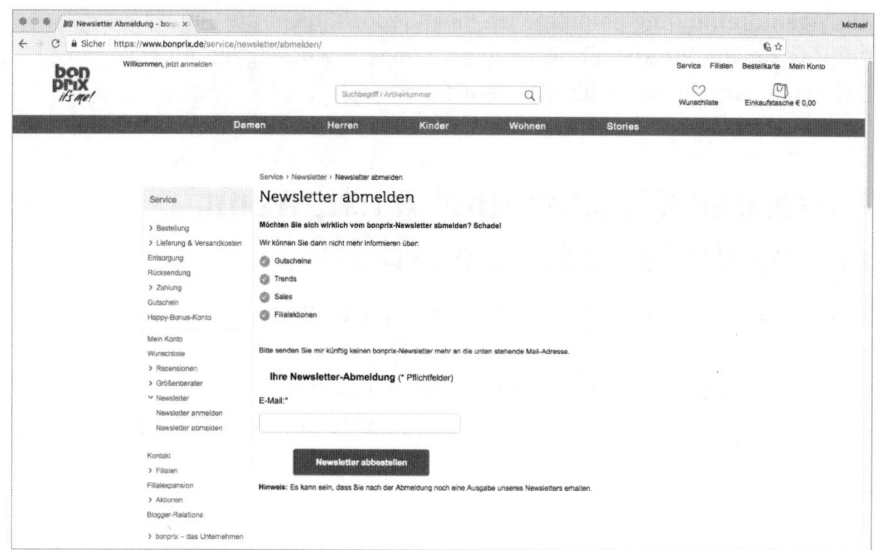

**Abbildung 1.8:** Geht gar nicht – Abmeldung über ein Formular

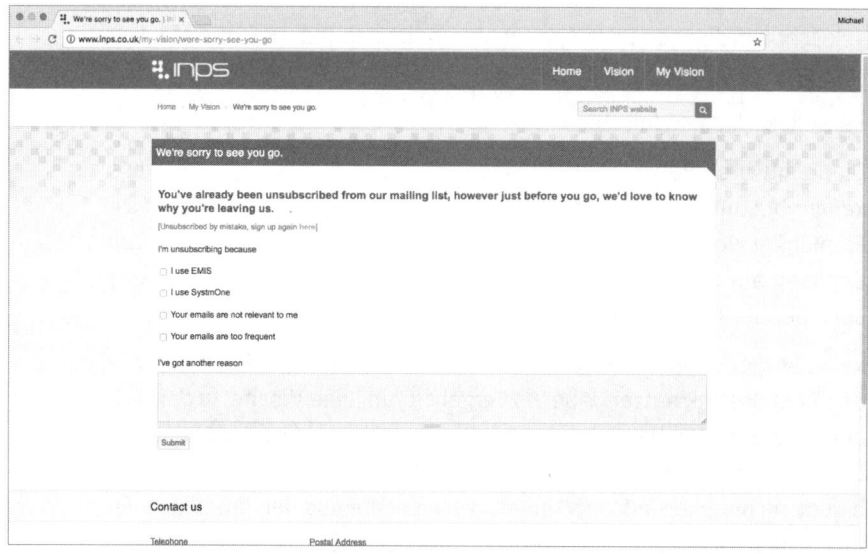

**Abbildung 1.9:** Besser gelöst: Gründe nach erfolgter Abmeldung erfragen

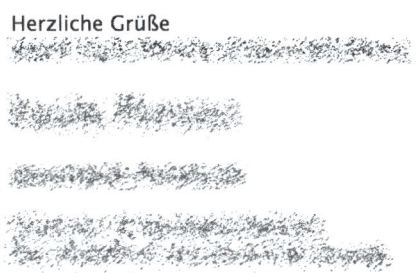

**Von** info@~~█████████~~ ☆
**Betreff** **AW: MailChimp-Agentur: Anmeldung bestätigen**
**An** Mich <newsletter@mailchimp-agentur.de> ★

# BITTE AUSTRAGEN und Account löschen. Danke.

Herzliche Grüße

**Abbildung 1.10:** Ein klarer Wunsch, dem Sie nachkommen müssen, auch wenn er auf unerwartetem Weg eingeht

| Vorsicht |
| --- |
| Ich sehe immer wieder, dass ein Abmeldelink statt einer direkten Abmeldung den Umweg über ein Formular geht, in dem man nochmals die E-Mail-Adresse, manchmal auch zahlreiche Checkboxen oder gar eine Begründung hinterlassen muss. Das ist weder für den Nutzer bequem, noch rechtlich einwandfrei. Wer sich abmelden will, soll das tun können. Schikanieren hilft nicht. |

# #14 Verfassen Sie kurze, knackige Betreffzeilen

Wissen Sie, was der häufigste E-Mail-Betreff ist, den ich in meiner langjährigen Praxis immer wieder sehe? Richtig, es ist »Newsletter«, eng gefolgt von »Firma XYZ Newsletter«.

Wissen Sie, was der schlechtestmögliche, langweiligste, am wenigsten zum Öffnen verlockende Betreff für einen Newsletter ist? Sie ahnen es ...

Die Marketing-E-Mail ist das einzige Medium im Onlinemarketing-Mix, das *zwei* Phasen oder Aggregatzustände hat: vor der Öffnung und nach der Öffnung. Auch unter den alten Häsinnen und Hasen im E-Mail-Marketing ist die Haltung, sich ausschließlich auf die Phase nach der Öffnung zu fokussieren, nach wie vor stark verbreitet. Ich selbst bin seit einigen Jahren fest davon überzeugt, dass die Phase vor der Öffnung im Grunde viel wichtiger ist.

Neben dem Absendernamen (vergleiche Tipp 5) kommt dem Betreff der Mail hier eine wichtige Bedeutung zu, denn er stellt den Hauptkontext her, indem er vermittelt, um was es in dem Newsletter geht.

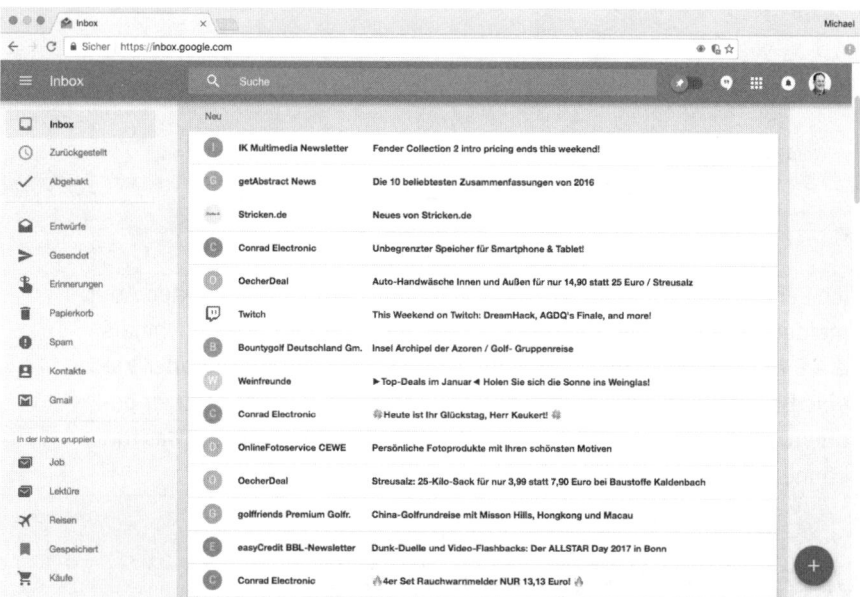

**Abbildung 1.11:** Lange Betreffs funktionieren gut auf dem PC oder einem Webmailer.

Noch vor einigen Jahren empfahl man, den Betreff möglichst lang und aussagekräftig zu machen. In Verbindung mit dem Absendernamen sollte sich ein vollständiges Bild ergeben und zusätzliche Relevanz schaffen.

Mittlerweile werden über 50% aller Newsletter zuerst auf Mobilgeräten geöffnet und der Umgang mit dem mobilen Postfach, der »Inbox«, hat unsere Nutzungsgewohnheiten verändert. Lange Betreffs werden einfach abgeschnitten, wesentliche Information geht so verloren.

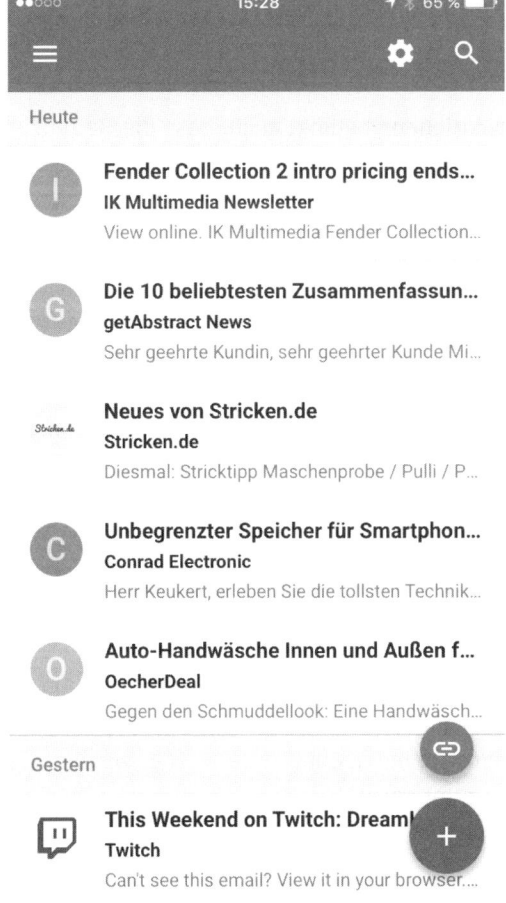

**Abbildung 1.12:** Lange Betreffs werden auf dem Smartphone abgeschnitten.

Wählen Sie einen Betreff, der **maximal 30 bis 40 Zeichen lang** ist. Erwähnen Sie im Betreff das Hauptthema des Newsletters. Versuchen Sie, sich in die Lage des Empfängers hineinzuversetzen und zu überlegen, was für Ihre Abonnenten die wichtigste Information ist. Wenn Sie denken, dass zum Beispiel eine Personalie (neuer Vertriebsleiter) das wichtigste Thema ist, dann überlegen Sie, ob für Ihre Leser nicht vielleicht die neue Produktversion oder ein Messeauftritt wichtiger ist.

# #15 Die Betreffzeilen sind für jede Aussendung individuell

Das zuvor Beschriebene bedingt auch, dass die Betreffzeilen bei jeder Aussendung individuell sein müssen. Widerstehen Sie der Versuchung, Betreffzeilen zu recyceln, auch wenn das noch so bequem ist (gerade, wenn man in Eile ist).

Bedenken Sie, dass in der Phase vor der Öffnung nur Sekundenbruchteile zur Verfügung stehen und das Auge und das Gehirn Anreize bekommen muss, mehr Zeit einzuräumen. Ein immer gleicher Betreff führt zu Ermüdung und Desinteresse beim Leser. Ein Betreff, der das Kernthema individuell jedes Mal aufs Neue aufgreift, gibt einen solchen Anreiz (siehe Tipp 72).

# #16 Niemanden interessiert, der wievielte Newsletter das ist

Ich gebe es zu, das ist mein persönliches Hassthema. Ich bekomme Pickel, wenn ich einen »Newsletter 5/2019« bekomme. Außer Ihrem Abteilungsleiter oder Ihrem Chef interessiert es wirklich niemanden, der wievielte Newsletter das ist.

| | | | | |
|---|---|---|---|---|
| • | MIT-Blog - Ihre Themen - # 224 | • | MIT-Blog | 01.07.19, 11:01 |
| • | MIT-Blog - Ihre Themen - # 225 | • | MIT-Blog | 15.07.19, 11:47 |
| • | MIT-Blog - Ihre Themen - # 226 | • | MIT-Blog | 22.07.19, 11:43 |
| • | MIT-Blog - Ihre Themen - # 227 | • | MIT-Blog | 29.07.19, 11:56 |
| • | MIT-Blog - Ihre Themen - # 228 | • | MIT-Blog | 05.08.19, 11:53 |
| • | MIT-Blog - Ihre Themen - # 229 | • | MIT-Blog | 12.08.19, 11:55 |
| • | MIT-Blog - Ihre Themen - # 230 | • | MIT-Blog | 26.08.19, 11:17 |
| • | MIT-Blog - Ihre Themen - # 231 | • | MIT-Blog | 02.09.19, 11:11 |
| • | MIT-Blog - Ihre Themen - # 232 | • | MIT-Blog | 09.09.19, 11:08 |
| • | MIT-Blog - Ihre Themen - # 233 | • | MIT-Blog | 16.09.19, 11:16 |
| • | MIT-Blog - Ihre Themen - # 234 | • | MIT-Blog | 23.09.19, 11:08 |
| • | MIT-Blog - Ihre Themen - # 235 | • | MIT-Blog | 30.09.19, 11:30 |
| • | MIT-Blog - Ihre Themen - # 236 | • | MIT-Blog | 07.10.19, 11:28 |

Abbildung 1.13: Wer ist das? Warum bekomme ich diesen Newsletter? Worum geht es?

Es wird niemals jemand anrufen oder mailen und sagen: »Ich habe Newsletter 3/2019 und 5/2019 bekommen. Den 4/2019 habe ich nicht bekommen – können Sie mir den noch mal senden?«

Nicht nur verschwenden Sie über diese überflüssige Angabe reichlich Platz, den Sie für einen aussagekräftigen Betreff nehmen könnten. Sie erschweren sich selbst nämlich auch die Arbeit, da Sie bei jeder Aussendung darauf achten müssen, die Nummerierung korrekt fortzusetzen. Dass das nicht immer klappt, zeigt unser Newsletter-Archiv recht eindrucksvoll.

# #17 Gelöschte Newsletter sind gute Newsletter

Ein weiteres Argument spricht gegen Nummerierung und für gute Betreffs. Stellen Sie sich einen Ihrer Abonnenten vor, der »Newsletter 3/2019« bekommt, die Mail öffnet und für ihn nichts Relevantes findet. Dann kommt »Newsletter 4/2019« und es ist wieder nichts Relevantes drin. Spätestens wenn sich das Ganze bei »Newsletter 5/2019« wiederholt, meldet sich der Abonnent ab.

Wenn Sie jedoch aussagekräftige Betreffs verwenden, dann kann der Abonnent schon innerhalb des Postfachs entscheiden, ob die Mail relevant ist oder nicht. Dabei werden der Absendername und der Betreff wahrgenommen und der Empfänger trifft eine bewusste Entscheidung, dass diese eine Mail nicht relevant ist, der Newsletter an sich aber schon. Das Löschen ist in diesem Falle dem Abmelden vorzuziehen. Zudem haben Sie einen Markenkontakt und haben Ihr Unternehmen oder Ihre Organisation nochmals in der Wahrnehmung des Empfängers aufgefrischt.

# #18 Ich weiß, wie ich heiße

»Herr Keukert, speziell für Sie haben wir, Herr Keukert, heute ein ganz besonderes Angebot, von dem wir, Herr Keukert, überzeugt sind, dass es Ihnen, Herr Keukert, ganz besonders gefallen wird, Herr Keukert.«

Menno, hört mir bloß auf damit, ich weiß, wie ich heiße!

Auch wenn E-Mail-Marketing im Jahre 2019 bereits seinen 25. Geburtstag feiert – die erste kommerzielle Massenmail, die dann auch gleich ein Beispiel für Spam war, wurde am 12. April 1994 von den amerikanischen Anwälten Laurence Carter und Martha Siegel versendet –, ist es in der Geschichte des Marketings noch eine vergleichsweise junge Werbeform. Viele Akteure in dieser Branche haben ihre beruflichen Wurzeln in den »guten, alten Tagen« des Dialogmarketings, wie das Versenden massenhafter Werbebriefe, Postwurfsendungen, Preisrätsel-Einladungen und Aktionspostkarten euphemistisch genannt wird. Okay, zugegeben, E-Mail-Marketing kann auch ganz schön nervig sein, aber es werden wenigstens keine Bäume dafür gefällt (Hambi bleibt!).

Druckkosten sind heutzutage seit Jahren im nahezu freien Fall, waren aber zu Zeiten der großen Versandhauskataloge ein ernst zu nehmender Faktor. Mein erster Stapel von 100 Visitenkarten hat mich bei der örtlichen Druckerei 1989 knapp 200 D-Mark gekostet. Vor einigen Wochen habe ich meiner Frau bei einer Online-Druckerei 100 Karten für 20 Euro bestellt.

Auflagen von mehreren Hunderttausend Exemplaren sind beim Dialogmarketing keine Seltenheit und die Druckkosten bei solchen Auflagen waren auch in den 80er-Jahren schon vertretbar, das Personalisieren selbiger jedoch horrend teuer. Erst mit dem Aufkommen des kommerziellen Laserdrucks wurden die Preise erschwinglicher, waren aber immer noch recht teuer. Ich erinnere mich noch, dass es auf der Fachmesse drupa in Düsseldorf in den Jahren 1990 und 1995 eine Sensation war, dass eine Offset-Druckmaschine (von der Größe einer mittleren Halle) eine optionale Laser- bzw. Inkjet-Druckeinheit hatte, die bei voller Geschwindigkeit personalisierte Informationen eindrucken konnte.

Da Personalisierung teuer war, musste sie deshalb auch ausreichend genutzt werden. Die Kosten für die erste Personalisierung einer Werbesendung waren teuer, jeder weitere personalisierte Eindruck auf dem gleichen Bogen fiel dann nicht weiter ins Gewicht. Das führte dazu, dass Schreiben speziell gefaltet wurden, sodass auf einer Seite möglichst viele Personalisierungen eingedruckt werden konnten. Mein Eröffnungs-Zitat für diesen Tipp ist nur ein wenig übertrieben.

Wer in diesem Umfeld seine berufliche Laufbahn begann, wird auch heute noch dazu neigen, Personalisierung exzessiv zu betreiben, obwohl beim E-Mail-Marketing gar keine Extrakosten dafür anfallen.

Überhaupt, wenn sich die Personalisierung lediglich auf den Empfängernamen und eine Anrede beschränkt, kann man es eigentlich auch lassen. Überlegen Sie eher, wo Sie inhaltlich personalisieren und so zum Beispiel auf Interessensgebiete oder Kaufverhalten eingehen können.

# #19 Emojis ja, aber in Maßen

- Gratis Frühlings-Überraschung sichern, Carola Wagner!
- Welchen Stil verkörperst Du?
- Aller guten Dinge sind 3
- Entdecke unser neues Skyline Modell
- Dunkles Holz + gebürstetes Metall = unser neues Skyline Modell
- Gönn Dir deine Auszeit in der Natur
- Was trägst Du diesen Sommer?
- Welcher Park ist dein liebster?
- Holz des Monats - Koa
- Welchen Weg gehst Du?
- Spitzen Funktionen für Alltagshelden & Bürochampions
- Seerauch Special Edition
- Nachhaltig & funktional | Tolle Outdoor-Marken entdecken
- Gummistiefel stark reduziert – Auch Regen hält uns nicht ab, die Welt zu entdecken
- Sky is the limit
- Alles für Deinen Outdoor-Sommer

**Abbildung 1.14:** Jeder kennt sie, viele lieben sie – Emojis

Es fing 2015 an, als MailChimp – Marktführer in Sachen E-Mail-Marketing – die Möglichkeit einführte, die kleinen Symbolbilder in die Betreffzeilen von Mails zu packen. Der vorläufige Höhepunkt war dann in der Vorweihnachtszeit 2016, als nahezu jeder Newsletter-Betreff mit mindestens einem, meist mehreren Emojis angereichert war.

Das Ganze folgt einem typischen Zyklus im Onlinemarketing: Eine neue Funktion steht zur Verfügung, die zuerst von einigen wenigen aufgegriffen wird, die sich besonders intensiv mit der Materie beschäftigen (im Englischen die »early adopters«, die frühen Anwender). Diese erhalten dadurch einen Wettbewerbsvorteil und andere, langsamere greifen das dann sukzessive auf, um ebenfalls davon zu profitieren (»early majority« – frühe Mehrheit). Softwarehersteller ziehen nach, die Technologie wird massentauglich, sodass sie schließlich von allen (»late majority«, späte Mehrheit) genutzt werden kann. Das tun diese dann exzessiv, während die »early adopters« schon wieder die nächste Innovation als Wettbewerbsvorteil nutzen.

Im Falle der Emojis wurde die Sau so *dermaßen* nervig durchs Dorf getrieben, dass man zeitweise regelrecht aus der Masse herausstach, wenn man *keine* Emojis benutzte. Das hat sich mittlerweile insoweit relativiert, als dass die Flut der bunten Bildchen kräftig abgenommen hat. Einer – spärlichen – Nutzung steht also nichts mehr im Wege.

Dabei gilt, die Anzahl und Auswahl der Emojis möglichst passend zum Inhalt zu gestalten. Wenn Sie Musikinstrumente bewerben oder Nahrungsmittel, werden Sie wenig Probleme haben. Bei Industriegütern wird es schon schwieriger, und ob bei Finanzprodukten das Dollar-Bündel-Emoji wirklich vertrauensbildend ist, darf bezweifelt werden.

In der Vorweihnachtszeit Tannenbaum-, Stern- oder Geschenkbox-Emojis zu nehmen, ist naheliegend. Für Sie. Und für alle anderen auch. Da fallen Sie eher ohne Emojis auf.

# #20 Testen Sie die Betreffzeilen

In Tipp 9 habe ich Sie ja schon aufgefordert, die Absendernamen zu testen. Gleiches gilt für die Betreffzeilen, denn auch hier kann man nicht pauschal sagen, dass ein Betreff besser als ein anderer ist.

Jetzt haben wir aber das Problem, dass ich in Tipp 15 sehr energisch gesagt behauptet habe, dass der Betreff jeder Aussendung individuell sein soll. Wie kann man dann testen?

Auch hier hilft die Vorgehensweise aus Tipp 9 weiter: entweder ein »A/B-Test« oder das Segment der inaktiven Abonnenten.

# #21 $$$ Sparaufrufe kann man sich sparen $$$

Muss ich hierzu wirklich etwas schreiben? Finden Sie Mails mit $$$ Super Sparmöglichkeiten $$$ attraktiv, die Ihnen %%% NUR HEUTE PROZENTE %%% versprechen, beim großen $$$ SALE SALE SALE $$$?

- % Sommer-Sale % | Jetzt mit noch mehr Artikeln
- % Weitere Reduzierungen für Sommer & Winter %
- % Wintersport Sale - jetzt noch schnell zugreifen %
- %% Private Pre-Sale am 31.Mai & 1. Juni 2019 %%
- %% PRE-SALE %% ++ Shirts, Shorts und Summer Holidays
- %%% SALE %%%
- ⏰ Bis zu 50% | SALE START
- ⏰ Bis zu 60% | Nur noch kurze Zeit im SALE
- ⏰ Bis zu 70% | Unschlagbare Herbstdeals für Dein Wochenende!
- ⏰ NUR 48h: 25% auf Bademode! 😎
- ⏰ Nur heute: 40% auf Salewa Approachschuhe

**Abbildung 1.15:** Das digitale Äquivalent des Marktschreiers wirkt auch in der Inbox aufdringlich.

Und selbst wenn wir einräumen, dass es durchaus eine Gruppe Mitmenschen gibt, die sich von solcher Marktschreierei angezogen fühlen – was denken Sie, macht ein Spam-Filter mit einem solchen Betreff?

In letzter Zeit sehe ich vermehrt die Nutzung von Emojis für diese Aufmerksamkeitshascherei. Das doppelte Ausrufezeichen-Emoji ist sehr beliebt. Auch das sicher nur eine Frage der Zeit, bis die Spam-Filter das auch erkennen.

| Tipp |
|---|
| Es gibt keine absoluten Wahrheiten im Onlinemarketing und im E-Mail-Marketing. Wenn ich empfehle, etwas *nicht* zu tun, sollten Sie das infrage stellen und prüfen, ob das auf Ihre Zielgruppe auch zutrifft. Und im Zweifel probieren Sie es einfach aus – möglicherweise funktioniert es bei Ihnen gut. |

# #22 Preheader, Preheader, Preheader!

Aufmerksame Leser haben gemerkt, dass ich von *drei* wichtigen Angaben geschrieben habe, die *vor* dem Öffnen der Mail relevant sind und darüber entscheiden, ob überhaupt geöffnet wird. Den Absender*namen* und den Betreff haben wir – kommen wir also zum Preheader.

Der Preheader ist eigentlich ein Zufallsergebnis. Aus technischer Sicht besteht der Preheader aus den ersten paar Worten des Mailtextes, bei einer geschäftlichen Mail also zum Beispiel aus dem Fragment »Sehr geehrter Herr Keukert, gerne bestätige ich den Termin am«. Die Mailprogramme fingen irgendwann an, einen ersten, kurzen Vorgucker auf den Inhalt der Mail hinter den Betreff zu hängen. Der Platz stand sowieso zur Verfügung und für den Empfänger gab es so ein bisschen mehr Relevanz. Bei langen Mailbetreffs fiel der Vorschautext kürzer aus, bei kurzen Betreffs länger.

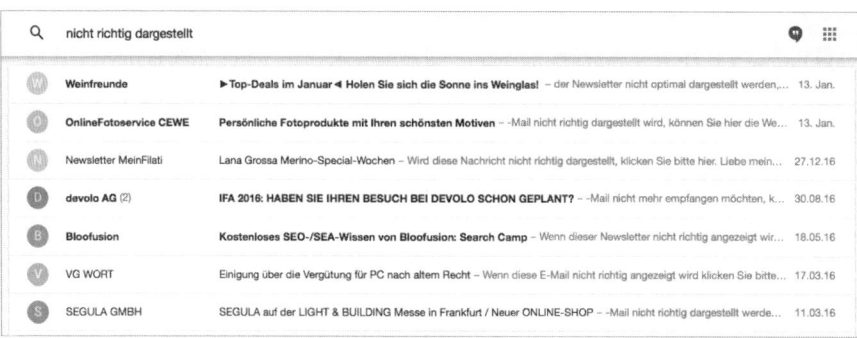

**Abbildung 1.16:** Nach wie vor der häufigste Preheader

Unabhängig davon haben E-Mail-Marketingprogramme meist als allererste Zeile in den Text einen Hinweis gepackt, dass im Falle von Darstellungsproblemen eine Web-Version des Newsletters zur Verfügung steht, die man über einen Klick erreichen kann. Dieser Hinweis wurde dann brav in den Mailprogrammen angezeigt und ist nach wie vor der am weitesten verbreitete Preheader-Text.

Irgendwann kam ein cleverer Versender auf die Idee, diesen Hinweis wegzulassen und stattdessen den zusätzlichen Raum zu nutzen, um etwas mehr über den Newsletter preiszugeben – in einem Kontext *vor* der Öffnung und damit extrem wertvoll.

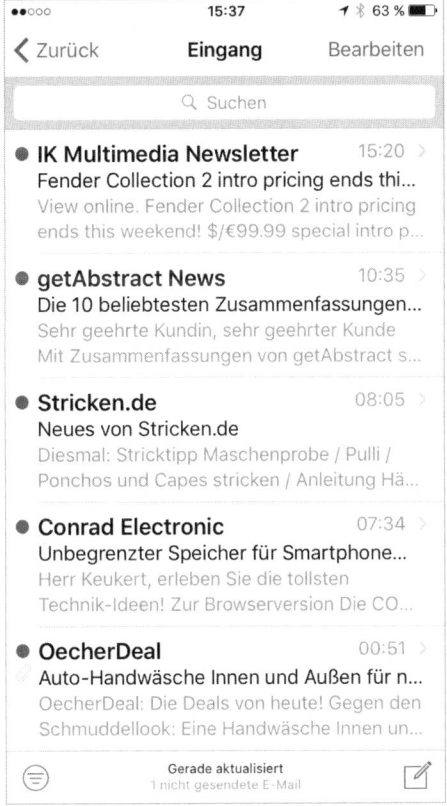

**Abbildung 1.17:** Richtig genutzt ist der Preheader unersetzlich.

Mit der Verbreitung der Smartphones kam dem Preheader dann noch mal eine zusätzliche Relevanz zu. Statt verschämt den eventuell freien Platz hinter dem Betreff zu nutzen, wird der Preheader auf dem Smartphone-Display in den Vordergrund gestellt und bildet zusammen mit Absendernamen und Betreff eine Einheit.

Im Screenshot sehen Sie eine typische mobile Inbox, in der fünf Mails um die Aufmerksamkeit des Besitzers buhlen. Keine der fünf Beispiele ist perfekt, aber das mittlere Beispiel von *www.stricken.de* ist nah dran.

Die Abonnentin (der STRICKEN.DE-Newsletter wird von meiner Agentur erstellt und hat 98% Leserinnen) erfährt ohne Öffnen der Mail, worum es in der aktuellen Ausgabe des wöchentlichen Newsletters geht. Interessieren sie die Themen nicht, wird der Newsletter gelöscht und am darauf folgenden Samstag gibt es neue Themen. Optimieren könnte man noch den Betreff – dass dieser aber bei jeder Ausgabe der gleiche ist, hat technische Gründe, denn der Newsletter wird vollautomatisch erstellt.

Die anderen Beispiele sind alle mehr oder weniger schlecht, nutzen den verfügbaren Platz schlecht, haben Redundanzen oder unterschlagen wichtige Informationen.

# #23 Doch, der Newsletter KANN dargestellt werden

Ja, die Darstellbarkeit von gestalteten E-Mails auf den verschiedenen Mailprogrammen *ist* ein Thema. Während man es bei Webseiten mit vier weit verbreiteten Webbrowsern zu tun hat, die sich mittlerweile selbst aktuell halten und wo der Webserver sieht, mit welchem Webbrowser auf welchem Betriebssystem man eine Seite aufruft, stehen uns aufseiten des E-Mail-Marketings gut 30 *gängige* (und eine unübersehbare Zahl von Nischenprogrammen) Mailprogramme gegenüber, die in der Regel selten bis nie aktualisiert werden und bei denen die individuelle Mail prinzipbedingt nicht erkennen kann, mit welchem Programm sie geöffnet wird, geschweige denn darauf reagieren kann.

Das macht die Gestaltung von Marketing-E-Mails, nun ja, schwierig. Man kann grafisch nicht aus dem Vollen schöpfen und muss viele Kompromisse eingehen.

Die gute Nachricht ist, dass darauf spezialisierte Programme Ihnen einen Großteil der Arbeit abnehmen. Auch hier ist MailChimp wieder eines der führenden Programme, das für eine so weit es geht einheitliche Darstellung sowohl auf dem neuesten Smartphone wie auch auf einem verstaubten Outlook 2007 sorgt. Nicht alle Programme machen dabei einen so guten Job wie MailChimp, im Großen und Ganzen kann man aber sagen, dass Darstellungsprobleme weitestgehend der Vergangenheit angehören – der Hinweis auf die Webdarstellung im Preheader also nicht nur wertvollen Platz wegnimmt, sondern schlicht überflüssig ist. Weg damit!

# #24 ... außer bei Lotus Notes

Oh, Lotus, du Höchststrafe für jeden E-Mail-Marketeer! Lotus Notes ist eine Lösung für Unternehmenskommunikation aus dem Hause IBM. Ich selbst ~~musste~~ durfte einige Jahre mit Lotus Notes arbeiten und machte in dieser Zeit meine ersten Schritte mit E-Mail-Marketing. Das war damals schon ein sehr frustrierendes Unterfangen und ist seitdem nicht wesentlich besser geworden. Lotus Notes ist einfach ein Spezialfall, was die Darstellung angeht.

Die gute Nachricht ist: Notes-Anwender sind Kummer gewohnt und wissen, dass die meisten gestalteten Mails bei ihnen zerbröselt angezeigt werden.

Weitere – möglicherweise gute – Nachricht: Lotus Notes findet sich vor allem im großindustriellen Bereich sowie bei Banken und Versicherungen. Wenn Sie keine Abonnenten aus diesen Bereichen haben, sollte Ihnen Lotus Notes keine Sorgen machen.

Wenn doch, ... nun, es gibt einen Trick, den wir gerne anwenden. Wenn der Anteil der Notes-Anwender in einer Abonnentenliste 5 % überschreitet und/oder besonders wichtige Empfänger Lotus Notes benutzen, senden wir einfach *zwei* Newsletter pro Aussendung. Einen schön gestalteten an alle anderen Empfänger und eine sehr minimalistisch gehaltene Version, die weitestmöglich auf Grafiken verzichtet und lediglich Zeilenumbrüche und Fettschrift als Gestaltungsmerkmal nutzt.

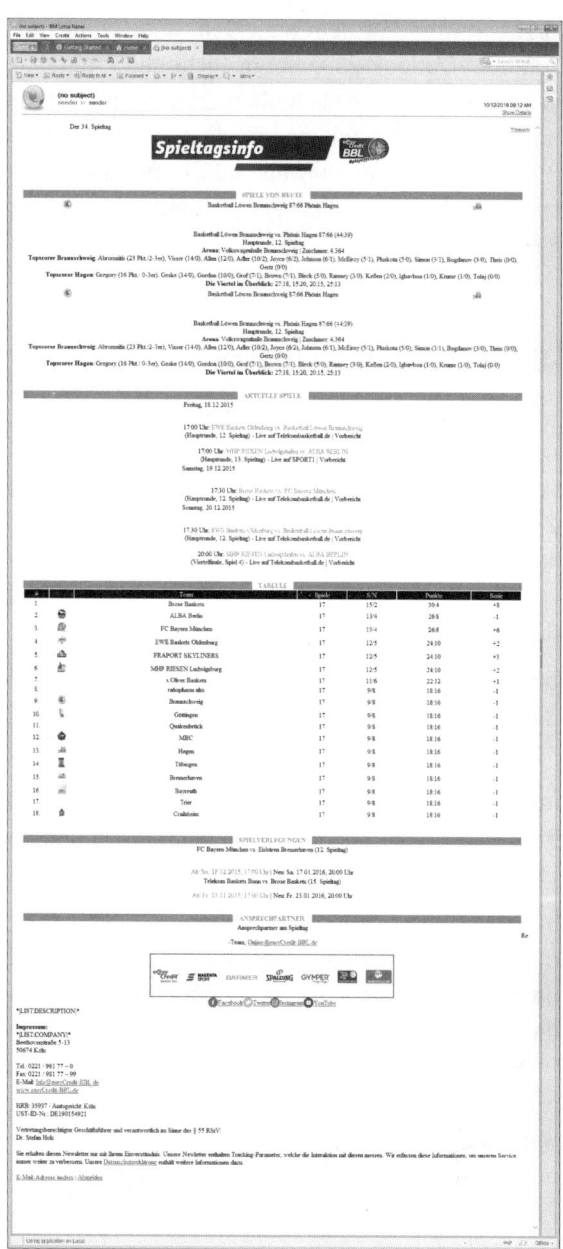

**Abbildung 1.18:** Für fast alle Leser ist das eine schön formatierte, unterschiedlich eingefärbte Tabelle mit Grafiken. Für Lotus Notes ist es Buchstabensalat.

# #25 Preheader ist Telegramm. Stopp.

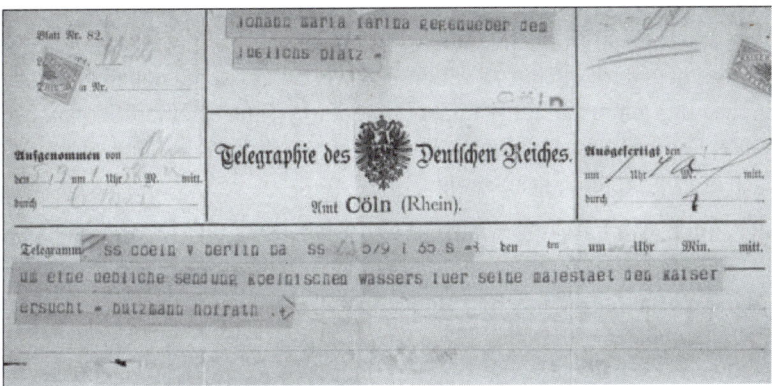

**Abbildung 1.19:** Cöln mit »C« hatte ja was ... (Quelle: Farina Archiv/Wikimedia)

Die Wahrscheinlichkeit ist groß, dass Sie noch nie ein Telegramm bekommen, geschweige denn versendet haben. Bekommen habe ich zwei Mal eines – zum Geburtstag. Geschrieben habe ich viele, sehr viele, denn während meines Wehrdienstes war ich in einem Fernschreibebataillon. Unser Unteroffizier war damals extrem stolz auf die Tatsache, dass wir im Falle eines Atomschlages die Einzigen wären, die noch kommunizieren können, da die Fernschreibmaschinen, die wir nutzen, vollmechanisch waren. Aber ich schweife ab.

Telegramme waren exklusiv. Telegramme waren wichtig für die Wirtschaft. Telegramme waren teuer, da die Infrastruktur teuer und anfällig war und weil sehr viel manuelle Arbeit damit verbunden war. So war es ökonomische Notwendigkeit, ein Telegramm so kurz und knapp wie möglich zu formulieren (und teilweise sogar Abkürzungen zu verwenden).

Behandeln Sie den Preheader wie ein Telegramm. Legen Sie jedes Wort auf die Goldwaage, packen Sie nur die wichtigsten Informationen rein. Verzichten Sie auf ganze Sätze und schmeißen Sie zur Not die Grammatik über Bord. Sie wollen keinen Literatur- oder Marketing-Preis. Sie wollen Informationen rüberbringen.

# #26 Maximal 140 bis 180 Zeichen

Wie in Tipp 22 erklärt, ist der Preheader eigentlich ein Zufallserzeugnis. Von daher existiert auch keine Norm oder Vorschrift, wie lang der Preheader sein darf. In Tipp 22 sehen Sie zwei Screenshots auf einem Webmailer und einem iPhone mit Apple Mail, in Tipp 14 einen Screenshot eines Android-Smartphones. Allein zwischen diesen drei unterscheidet sich die Darstellung schon sehr.

Als Faustregel haben sich 140 bis 180 Zeichen bewährt. Wenn Sie sich also an der alten Twitter-Längenbeschränkung für einen Tweet von 140 Zeichen orientieren, machen Sie nichts falsch.

# #27 Wichtigste Preheader zuerst Das den in

Komische Überschrift für einen Tipp, oder? Haben Sie es schon entschlüsselt? In Tipp 25 erwähnte ich ja bereits, dass Sie für den Preheader keinen Journalistenpreis erwarten sollten und zur Not auch auf die Grammatik pfeifen sollen.

Deswegen gilt: Das Wichtigste zuerst in den Preheader!

| |
|---|
| Spröde und abgebrochene Haarspitzen? Mit diesen Tipps stoppen Sie Haarbruch und... • |
| Pointes sèches et cassées? En suivant ces conseils, vous stoppez les cheveux cassa... • |
| Weg mit den Dellen! Unser ultimativer Anti-Cellulite-Guide überzeugt mit den richtig... • |
| Fini la peau d'orange! Notre guide anticellulite convainc avec ses justes conseils et a... • |
| Schon im Valentinstags-Stress?💘 Noch bis morgen von 11% Rabatt auf das gesa... • |
| Vous ressentez déjà le stress de la St-Valentin?💘 Profitez encore jusqu'à demain ... • |
| Zähne bleichen in wenigen Schritten? 😊 Erhalten Sie jetzt die besten Tipps und ... • |
| Se blanchir les dents en quelques gestes? 😊 Lisez maintenant gratuitement les ... • |
| Carola - Vergessen Sie die Männer! Wir haben die besseren Valentinsüberraschunge... • |
| - Oubliez les hommes! Nous avons les meilleurs cadeaux de la Saint-Valentin pour v... • |

Abbildung 1.20: Besser das Wichtigste an den Anfang stellen!

Wenn Sie im Newsletter auf einen Messetermin, eine Personalie und ein Produkt-Update hinweisen wollen und das Produktupdate das Wichtigste ist, dann soll das auch zuerst kommen. Die Personalie ist in diesem Beispiel das Unwichtigste, also ab ans Ende damit, wo es nicht wehtut, wenn es abgeschnitten wird (siehe Tipp 26).

Wir empfehlen zum Trennen von Themen im Preheader den »/«, Slash, sodass in meinem Beispiel der Preheader so aussehen könnte:

PRODUKTNAME V2.1 NEU / MESSE XY HALLE 2 STAND 9 / HUBERT MÜLLER NEUER VERTRIEBSLEITER

Das sind 71 Zeichen und ist damit auf allen Plattformen problemlos darstellbar.

# #28 Ein guter Preheader erübrigt das Öffnen der Mail

Ja, richtig. Warum auf die Öffnungen schielen, wenn der wichtige Teil vor der Öffnung passiert? Verabschieden Sie sich von der Fixierung auf die Öffnungsraten und fokussieren Sie sich auf das, was Sie erreichen wollen.

Wenn Sie im Preheader alles Wesentliche mitteilen können, dann öffnen die Mail nur die Personen, die wirklich interesse am Thema haben. Verwenden Sie daher ausreichend Zeit auf die Formulierung des Preheaders.

Wenn Sie im Newsletter auf ein zeitkritisches Thema verweisen, bei dem eine Re-/Aktion bis zu einem bestimmten Termin nötig ist, sollten Sie diesen Termin im Betreff oder Preheader erwähnen. Nichts ärgert mehr, als eine Mail im Posteingang zu halten, nur um zu realisieren, dass man einen Tag zu spät reagiert hat. Also nicht:»Messe xyz / Kostenloses Ticket sichern«, sondern besser »Messe xyz am 15. Oktober / Kostenloses Ticket bis 30.9. sichern«.

Vor einigen Jahren haben wir für einen Anbieter von Fotoprodukten (Fotokalender, Fotobücher etc.) in der Vorweihnachtszeit eine Kampagne durchgeführt, in der während eines 30-Tage-Zeitraums pro Empfänger 40 Mails versendet wurden, mithin Tage dabei waren, an denen zwei und einmal sogar drei Mails gesendet wurden.

Es hat erhebliche Überzeugungsarbeit erfordert, dass wir dies überhaupt machen durften, die Ergebnisse sprachen aber für sich:

- Geringfügig erhöhte Abmeldequote
- Geringfügig erhöhte Beschwerdequote
- Miserable Öffnungsrate
- Hervorragende Konversionsrate (= Käufe im Shop)

Was ist passiert? Wir haben in Betreff und Preheader komplett mit offenen Karten gespielt:

Betreff: Fotobücher 50%
Preheader: Fotobuch A4 Hardcover / 64 Seiten hochglanz / statt 72 EUR nur 36 EUR / nur am 23.11.

Wem das Angebot nicht zusagte, der hat die Mail gelöscht. Geöffnet haben lediglich die Personen, die das Angebot annehmen wollten.

# #29 Kurze Newsletter funktionieren besser als lange Newsletter

Sie haben bestimmt schon davon gehört, dass unsere Aufmerksamkeitsspanne heutzutage unter der eines Goldfisches liegt. Meist werden acht Sekunden kolportiert, und wenn ich mir die Ergebnisse so mancher Kampagne anschaue, bezweifle ich selbst das etwas.

Über die Jahre haben wir zahlreiche E-Mail-Kampagnen ausgewertet und es zeigte sich immer das gleiche Ergebnis – in der Kürze liegt die Würze.

Exemplarisch der Newsletter eines unserer Kunden, wie er vor unserer Analyse und Optimierungsarbeit einmal pro Quartal versendet wurde:

- Sehr große Titelgrafik
- Grußwort des Geschäftsführers
- Neuigkeit aus Abteilung 1
- Neuigkeit aus Abteilung 2
- Neuigkeit aus Abteilung 3

- Neuigkeit aus Abteilung 4
- Personalie
- Termine
- Produktvorstellung eines Produkts aus dem Onlineshop
- Hinweis auf Social-Media-Kanäle

Diese zehn Themen haben gefühlt drei Meter laufende Länge Newsletter eingenommen und unsere Untersuchungen haben ganz klar gezeigt, dass die Aufmerksamkeit der Leser bereits während des Grußworts rapide abgenommen hat und während der mittleren Themen nahezu auf null war. Lediglich die letzten beiden Themen bekamen dann noch mal etwas mehr Aufmerksamkeit.

Diese Aufmerksamkeitskurve haben wir bisher noch bei jedem Newsletter gefunden. Was aber wäre, wenn man statt zehn Themen alle drei Monate lieber drei Themen jeden Monat nimmt? Oder zwei Themen alle drei Wochen?

Der Newsletter wird dadurch kürzer. Sehr viel kürzer. Die Aufmerksamkeit erstreckt sich dann nur noch über zwei bis drei Themen, die jeweils *viel mehr* Aufmerksamkeit bekommen. Zudem wird auch der Preheader (siehe Tipp 22) viel, viel kürzer und damit steigt die Chance, überhaupt erst geöffnet zu werden.

Dies stützt dann auch wieder meine Empfehlung aus Tipp 1: Senden Sie mehr E-Mails!

# #30 Monothe(ma)ismus: Du sollst nur ein Thema haben!

Aber warum bei zwei bis drei Themen haltmachen? Lassen Sie uns radikal werden! Versuchen Sie, Ihren Redaktionsplan so hinzubekommen, dass Sie nur ein einziges Thema im Newsletter haben.

Ja, das ist schwer, denn man muss diszipliniert sein. Sie werden die Resultate aber schnell merken, denn die Newsletter werden kürzer (siehe Tipp 29) und der Preheader (Tipp 22) und Betreff (Tipp 14) werden alle knackiger und prägnanter, sodass sich die Chancen einer Öffnung erhöhen.

Nur ein Thema zu haben, ist aber nicht gleichbedeutend mit nur einem Element im Newsletter. Sie können das eine Thema durchaus auf mehrere Elemente aufteilen, zum Beispiel einen Textblock, ein- oder zwei Bildelemente und möglicherweise noch einen Download-Link. Das spricht dann direkt verschiedene Lesergruppen an: die, die mehr visuell veranlagt sind, und die, die gerne mehr Texte lesen.

Die Königsdisziplin ist dann, ein Thema so auf verschiedene Elemente aufzuteilen, dass der Leser gar nicht merkt, dass es eigentlich ein einziges Element ist.

# #31 Machen Sie die Titelgrafik kleiner

Nachdem wir jetzt eeeeendlich die langweiligen Notwendigkeiten der Phase vor der Öffnung hinter uns haben, können wir uns auf die schönen Dinge konzentrieren und den geneigten Mailempfänger visuell verwöhnen, schließlich wollen wir ja unsere Marke, unser Produkt und/ oder unsere Organisation im besten Lichte erscheinen lassen.

Und was überzeugt besser als eine wunderschöne Titelgrafik, voll in unsere Corporate Identity eingebettet, die in wunderbarer Detailtiefe und damit verbundenen Größe unsere Markenwelt zeigt und den Empfänger auf die weitere Lektüre des Newsletters einstimmt.

Die Realität sieht leider anders aus. Große Grafiken funktionieren gut auf einer A4-Doppelseite, aber ein Newsletter oder eine Marketing-E-Mail wird immer nur ausschnittsweise wahrgenommen. Und da kommt es darauf an, möglichst schnell zur Nutzlast zu kommen. Die Header- oder Titelgrafik ist nur Verpackung, Verzierung. Wichtig ist aber das, was Sie im Newsletter transportieren möchten. Und da sollte besser eine kleine, knappe, kurze Titelgrafik verwendet werden. Gerade genug, um den visuellen Kontext herzustellen.

**Abbildung 1.21:** Sieht schön aus, nimmt aber wertvollen Platz weg.

## #32 Keine variablen Texte in die Titelgrafik

Halten Sie Ihre Hand bereit – Sie werden sie gleich wieder gegen die Stirn klatschen ob der Offensichtlichkeit dieses Tipps. Ja, wenn Sie variable Texte wie »Kollektion 2019/2020« oder – Gott bewahre (vergleiche Tipp 16) – »Newsletter 3/2019« in die Titelgrafik einbetten, dann können Sie diese Angaben schön formatieren und gestalten. Möglicherweise schöner, als wenn sie als schnöder Text drinstehen.

Aber Sie brauchen auch bei jeder Änderung Ihren Grafiker! Und wenn Sie schon einmal mit Grafikern gearbeitet haben, insbesondere solchen, die Typografie als Steckenpferd haben, dann wissen Sie zwar einerseits, dass die Ergebnisse meist hervorragend sind. Sie wissen aber auch, dass das Ändern eines Wortes manchmal mehrere Stunden braucht, bis »die Typo sitzt«. Stunden, die Sie entweder extern bezahlen oder intern verargumentieren müssen – und die Ihnen im Zweifel fehlen, wenn sich der Versand verzögert, der vermaledeite Newsletter aber unbedingt *heute* noch raus muss (siehe Tipp 72).

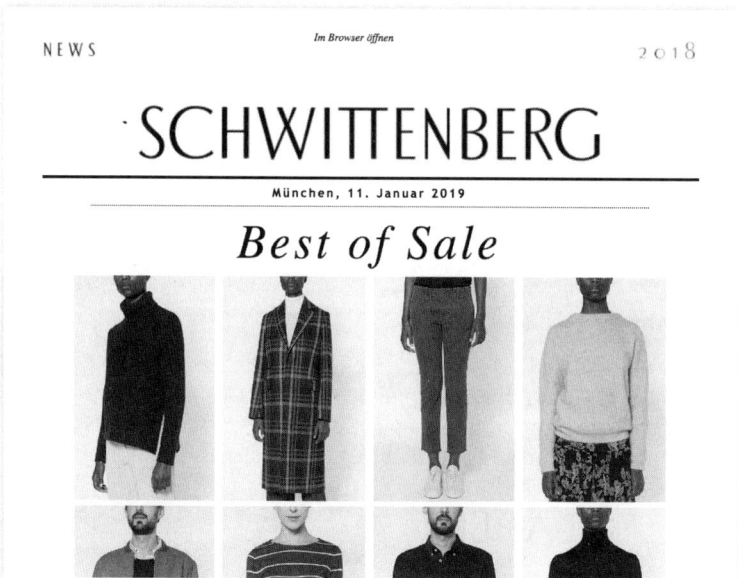

**Abbildung 1.22:** Bei diesem Newsletter muss jedes Jahr eine neue Titelgrafik erstellt werden.

Idealerweise ist die Titelgrafik statisch (oder saisonal) und alle variablen Inhalte kommen als Text rein. Das macht den Newsletter auch »leichter« (von der Dateigröße her) und kommt Empfängern zugute, die das Nachladen von Grafiken abgeschaltet haben.

## #33 Grafiken sind maximal 600 Pixel breit

Als Standardbreite für einen Newsletter haben sich 600 Pixel etabliert. Diese Breite resultiert aus zwei Faktoren: der durchschnittlichen Bildschirmgröße und dem Nutzbereich der E-Mail-Clients. Als kleinster gemeinsamer Nenner bei den Bildschirmauflösungen gilt traditionell die Auflösung von 1024 x 768 Pixel. Mit dem Einzug von 16:9-Breitbilddisplays wurde diese ehemals populäre Auflösung mittlerweile durch 1366 x 768 Pixel ersetzt.

Als zweiter Faktor spielt die Größe des Mail-Vorschaufensters eine wichtige Rolle. Fast alle Mailprogramme (mit Ausnahme der Programme für Smartphones) folgen einer Dreiteilung der Arbeitsfläche: eine Liste von Mail-Accounts sowie deren Ordnerstruktur, eine Liste aller Mails in einem jeweiligen Account sowie die Vorschau der gerade selektierten Mail.

Ausgeprägt ist die Dreiteilung bei Microsoft Outlook, das meist ein Viertel des Fensters für die Ordner, ein Viertel für die einzelnen E-Mails und ein halbes Fenster für die Mail-Vorschau verwendet.

Damit möglichst viel des Newsletters direkt in der Vorschau angezeigt werden kann, haben sich 600 Pixel für die Breite als kleinster, gemeinsamer Nenner etabliert. Lediglich, wenn Sie Ihre Empfänger sehr gut kennen und wissen, auf welchen Geräten und Mail-Clients diese Ihre Newsletter lesen, sollte davon abgewichen werden. So haben die Newsletter von Apple, die zum weitaus überwiegenden Teil mit Apple-Geräten und dem Programm Apple Mail gelesen werden dürften, in der Regel eine Breite von 750 bis 900 Pixel.

Ihre Newsletter-Empfänger werden es Ihnen daher danken, wenn Sie die Größe der Grafiken in Ihrem Newsletter möglichst klein halten. Dazu gehört zunächst, die Abmessungen nicht unnötig groß zu machen. Bei einer maximalen Breite von 600 Pixeln muss kein Bild größere Abmessungen haben. Wenn Sie Spalten im Layout benutzen, dann brauchen die Bilder 300 Pixel bei zweispaltigen und 200 Pixel bei dreispaltigen Layouts nicht zu überschreiten.

Viele Nutzer realisieren nicht, dass, wenn sie größere Bilder in den Newsletter einfügen, diese zwar in das Layout eingepasst werden – die ursprüngliche Größe aber nach wie vor erhalten bleibt. Wenn Sie also ein Bild mit 1200 Pixeln Breite in eine Spalte einfügen, dann wird es zwar auf 300 Pixel skaliert dargestellt – die 1200 Pixel Auflösung müssen aber nach wie vor übertragen werden.

# #34 ... außer, wenn sie 1200 Pixel breit sind

Keine Regel ohne Ausnahme: Wenn Sie Grafiken mit sehr filigranen Inhalten haben – was eigentlich besser vermieden werden sollte –, dann können Sie diese Grafiken in einer Breite von 1200 Pixeln und proportionaler Höhe anlegen. Die Grafiken werden dennoch in das 600er-Raster eingepasst, haben aber die höhere Auflösung (und vierfache Dateigröße).

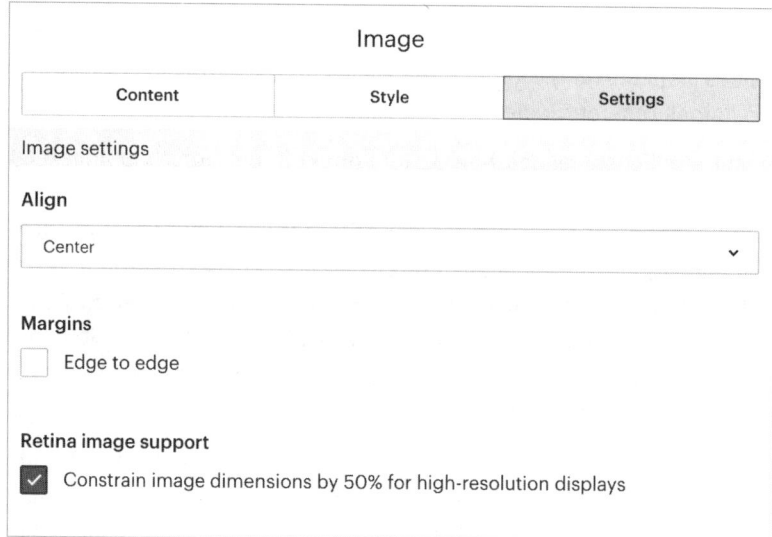

**Abbildung 1.23:** MailChimp nennt die Einstellung »Retina image support«.

Geräte mit hoher Bildschirmdichte, wie zum Beispiel moderne Smartphones, profitieren aber von der höheren Auflösung und stellen die Grafik schärfer dar.

## #35 Deutschland hat die teuersten Datentarife in der EU

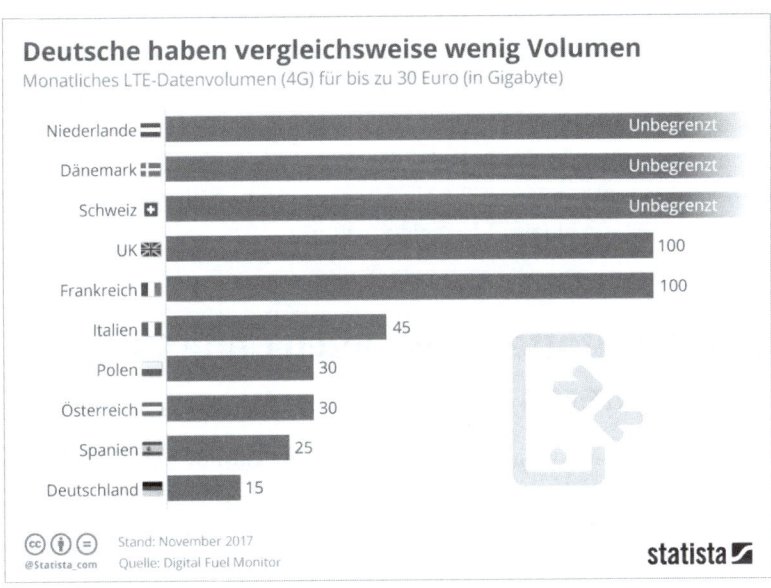

**Deutsche haben vergleichsweise wenig Volumen**
Monatliches LTE-Datenvolumen (4G) für bis zu 30 Euro (in Gigabyte)

| | |
|---|---|
| Niederlande | Unbegrenzt |
| Dänemark | Unbegrenzt |
| Schweiz | Unbegrenzt |
| UK | 100 |
| Frankreich | 100 |
| Italien | 45 |
| Polen | 30 |
| Österreich | 30 |
| Spanien | 25 |
| Deutschland | 15 |

Stand: November 2017
@Statista_com   Quelle: Digital Fuel Monitor

statista

**Abbildung 1.24:** Schlusslicht bei den Datentarifen (Bildquelle: Statista,
*https://de.statista.com/infografik/7359/datenvolumen-und-mobiler-
datenverbrauch-in-europa/*)

Aktuell werden – je nach Branche – bereits deutlich über 50% der Newsletter zuerst auf einem Smartphone geöffnet. Leider sind die Smart-
phone-Datentarife in Deutschland die teuersten in Europa, wie die
News-Seite Politico im April 2015 berichtete (*http://www.politico.eu/
article/data-telecoms-europe-divide/*). Für den gleichen Preis, für den
ein Finne im Schnitt 50 GB Datenvolumen bekommt, bekommen deutsche Mobilfunknutzer gerade mal 1 GB im schnellen LTE-Netz.

Neben der Abmessung ist daher auch auf die Dateigröße zu achten. Selbst wenn ein Bild auf 600 Pixel Breite reduziert wurde, kann es trotzdem noch mehrere Megabytes Dateigröße haben und so Mobilfunktarife belasten und lange zur Übertragung benötigen. Bildformate wie JPEG ermöglichen, über einen einstellbaren Qualitätsfaktor die Dateigröße drastisch zu reduzieren, ohne dass es zu sichtbaren Qualitätseinbußen kommt.

Grafikprogramme wie Adobe Photoshop geben Ihnen umfangreiche Möglichkeiten an die Hand, Ihre Grafiken sowohl von der Abmessung als auch von der Dateigröße her zu optimieren. Wer nur gelegentlich Grafiken bearbeiten möchte, kommt auch gut mit einer der zahlreichen kostenlosen Online-Lösungen wie *www.picresize.com* klar. Dort können Sie neben der Zielgröße (im Beispiel 600 Pixel) auch eine Ziel-Dateigröße angeben. Mitunter müssen Sie ein bisschen mit den Werten experimentieren, bis Sie ein ideales Ergebnis erhalten.

# #36 Der Newsletter muss auch ohne Grafiken funktionieren

Die teuren Datentarife in Deutschland sind der Grund, warum viele Personen das Nachladen von Grafiken in ihren Smartphones abgeschaltet haben. Darüber hinaus gibt es aber noch weitere Gründe, warum Grafiken in einem Mailprogramm nicht angezeigt werden können.

Manche Mailprogramme blockieren das Nachladen von Grafiken aus unbekannter Quelle aus Sicherheitsgründen (was im Übrigen der Grund ist, warum manche Newsletter-Versender regelrecht darum betteln, dass man sie in das lokale Adressbuch aufnimmt). Teilweise blockieren aber auch Firewalls in Unternehmen das Anzeigen von Grafiken in E-Mails. Und manchmal ist es auch schlicht deshalb, weil das Mailprogramm des Anbieters gar keine Grafiken unterstützt.

Gehen Sie daher bei der Gestaltung Ihres Newsletters sicherheitshalber davon aus, dass die Mail ohne Grafiken angezeigt wird, und nutzen Sie die Inhaltselemente entsprechend.

Schuster

| Neuheiten | Marken | Sale |

Es ist ja selten genug, dass es mitten in München so richtig Schnee satt gibt. Aber dieser Winter meint es für die bayrische Metropole endlich mal wieder gut. Während es in den Voralpen kaum noch zu bewältigen ist, hat die weiße Pracht die Stadt regelrecht verzaubert. Zeit, das winterliche München mit allen Facetten zu entdecken! Wir haben natürlich alles, für einen traumhaften Winter in der Stadt.

Winterstiefel Damen     Winterstiefel Herren     Winterstiefel Kinder

**Winter 2019 – Wir sind dabei!**
Der Süden Bayerns steht still. Schneemassen begraben Autos, Straßen und Fußwege und nach kurzer Entspannung kam jetzt nochmals Kälte und Neuschnee. Doch während der Verkehr ruhte, erwachten die heimischen Gärten und Hügel schnell zum Leben. Hinter den Häusern warteten neue Abenteuer auf die Kinder, Touren- und Langlaufski wurden vor der Wohnungstür angeschnallt, teils nur für die Hunderunde oder auch für eine Tour ins Umland. Manch ein Garagendach wurde glatt zur Rodelpiste.

| Versandkostenfrei bestellen | Direkt am Marienplatz | Tradition seit über 100 Jahren |

Besuchen Sie uns auch hier

Fax | Post | insta | Tel

SPORTHAUS SCHUSTER GMBH

Rosenstraße 1-5
80331 München

Telefon: 089/237 07-0
Telefax: 089/237 07-429

E-Mail: info@sport-schuster.de

GESCHÄFTSFÜHRER:

Ralf Schuster, Rainer Angstl
Handelsregister München, HR B 53508
Finanzamt München, @sport-Num.-Nr.
143/143/00396
Umsatzsteuer-Identifikationsnummer:
DE 812 827 141

AGB    Datenschutz    Impressum

**Abbildung 1.25:** Wie Sie sehen, sehen Sie nichts.

Das bedeutet in erster Konsequenz, überhaupt erst mal möglichst wenige Grafiken zu verwenden und den Fokus auf den Text zu legen. Sie sollten dabei auch stets innerhalb des Textes inhaltlich die Grafik beschreiben. Wichtige Informationen haben sowieso nichts *ausschließlich* in der Grafik zu suchen.

Das Wichtigste ist aber ...

# #37 ... jede Grafik braucht einen ALT-Text!

Der ALT-Text oder auch Alternativ-Text ist eine clevere Erfindung aus der Frühzeit des Webs. Er wurde 1999 vom World Wide Web Consortium (W3C) mit der Definition des HTML-4.01-Standards eingeführt – aus ganz ähnlichen Gründen, wie wir ihn jetzt benutzen.

Haben Sie 1999 schon das Internet genutzt? Während heute fast 90% aller Deutschen mindestens einmal wöchentlich online sind, waren es 1999 gerade mal 17,7%, laut dem in diesem Jahr erst zum dritten Mal durchgeführten Online-Monitor von ARD und ZDF (übrigens jedes Jahr eine sehr gute Lektüre).

Interessant in diesem Zusammenhang ist, dass mit 89% das Senden und Empfangen von E-Mails als die Haupttätigkeit im Internet angegeben wurde. Und 50% der Befragten gaben an, die Kosten für den Internet-Zugang seien zu teuer und maximal 20 D-Mark pro Monat wert.

Im Juli 1999 wurden die ersten DSL-Anschlüsse geschaltet. Das kostete »damals« schlappe 98 D-Mark im Monat mit einer luxuriösen Geschwindigkeit von 768 KBit/s – oder anders ausgedrückt 0,7 MBit/s bzw. 0,0007 GBit/s –, was seinerzeit als Quantensprung gegenüber den »normalen« 64 Kbit/s (0,00006 GBit/s) angesehen wurde.

Bilder konnten im Web erst seit 1993 angezeigt werden und so langsam nahm die Verbreitung von Webseiten Fahrt auf, aber Datenübertragung war – damals wie heute – schweineteuer und es wurde nach Wegen gesucht, wie man sparen konnte.

Der ALT-Text war eine willkommene Lösung, denn man konnte einem Bildelement eine alternative Beschreibung mitgeben. Wer keine Bilder anzeigen konnte oder wollte, sah stattdessen den Beschreibungstext.

```
<img src="aixhibit.jpg" alt="AIXhibit Firmenlogo">
```

Der ALT-Text ist so – nun ja – alt, dass er einfach, clever und ungebrochen seit 1999 funktioniert und in quasi jedem E-Mail-Programm implementiert ist. Das können und sollten Sie nutzen und so *jedem* Bild einen ALT-Text mitgeben.

Ja, wirklich jedem. Das Logo braucht einen ALT-Text ebenso wie die Titelgrafik oder der Störer, der 20% Frühbucherrabatt verspricht. Was draufstehen soll? Wie wäre es mit »Firmenlogo«, »Titelgrafik« und »20% Frühbucherrabatt«? Idealerweise würden Sie bei der Titelgrafik auch beschreiben, was auf der Grafik zu sehen ist, zum Beispiel »Messestand XYZ GmbH auf der ABC-Messe vom 13.9.–15.9. in Halle 3 Stand 17«. Platz ist kein Problem – je größer die Grafik, desto mehr Platz steht für den ALT-Text zur Verfügung.

# #38 Jede Grafik sollte einen Link haben

Annähernd 30 Jahre Web-Benutzung haben uns alle darauf trainiert, Dinge anzuklicken. Wir alle sind darauf konditioniert, die Maus über alles zu bewegen und zu schauen, ob sich der Zeiger in die freundliche Hand verwandelt, die anzeigt, dass man etwas anklicken kann.

Gerade bei Bildern erwarten wir regelrecht, dass man sie anklicken kann (und sei es nur zum Vergrößern). Und beim E-Mail-Marketing tut man gut daran, die Erwartungshaltung nicht zu enttäuschen.

Hinterlegen Sie also bei jedem Bild einen Link, aber bitte einen *relevanten* Link, der zum jeweiligen Bild passt. Der größte Fehler wäre, alle Links zur Startseite Ihrer Webseite zu leiten. Wenn das Bild den neuen Vertriebsleiter zeigt, dann sollte der Link zur entsprechenden Presse- oder Newsmeldung leiten. Ein Produktbild sollte zur Produktseite – oder vielleicht gar zum Onlineshop – verweisen.

Ein Nebeneffekt ist, dass Sie so auch eine Messbarkeit schaffen. Nur wenn der Empfänger einen Link anklicken kann, können Sie auch einen Besuch auf der Webseite messen.

# #39 Die Rückkehr des Word-Serienbriefs

Der Geschäftsführer aus Tipp 2 hat ja nicht völlig unrecht – aber anders, als er dachte. E-Mail-Marketing hat tatsächlich viel mit einem Serienbrief gemeinsam, wenn man sich in den Bereich der Personalisierung begibt.

Wer also schon einmal in Word (oder einer anderen Textverarbeitung) einen Serienbrief erstellt hat, wird sich mit den Funktionen in E-Mail-Marketingprogrammen meist schnell auskennen. Genau wie im Textprogramm müssen auch hier Variablen an die passenden Stellen im Text gesetzt werden. Genau wie bei Word lauern hier aber auch zahlreiche Fallen.

Und genau wie bei Word sollten Sie möglichst umfassend die Personalisierung testen. Insbesondere die Grenzfälle (mir gefällt da das Englische »Edge Cases« besser), an dem eine Personalisierung auch mal schiefgehen kann. Wie im nächsten Tipp.

# #40 Eine personalisierte Anrede braucht Personalisierungsdaten

»Ich komme nicht mit der Anrede klar«, sagte die Kundin und meinte, sie hätte schon alles probiert und alle Variablen an der richtigen Stelle eingesetzt. Ein Blick in den Account zeigt, dass die Kundin alles richtig gemacht hat.

Wenige Augenblicke später dann die Lösung: Zwar sind die Variablen richtig gesetzt – die zugrunde liegende Liste hat aber gar keine Felder für Vorname, Nachname, Geschlecht oder Titel. Sie hat lediglich das Feld für die E-Mail-Adresse.

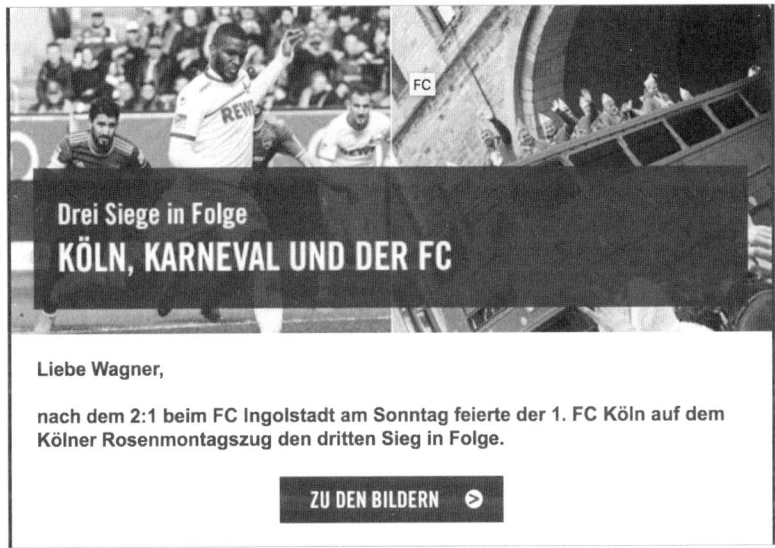

Within the image:

**Drei Siege in Folge**

# KÖLN, KARNEVAL UND DER FC

Liebe Wagner,

nach dem 2:1 beim FC Ingolstadt am Sonntag feierte der 1. FC Köln auf dem Kölner Rosenmontagszug den dritten Sieg in Folge.

**ZU DEN BILDERN** ➲

**Abbildung 1.26:** Unsere Testadresse heißt »Carola Wagner« – wenn man aber die falschen Daten nimmt …

Wenn Sie Personen mit ihrem Namen ansprechen möchten, dann sollten Sie den Namen auch in Ihrer Liste haben. Wenn Sie dann auch noch zwischen »Sehr geehrte Frau« und »Sehr geehrter Herr« unterscheiden wollen, dann sollten Sie diese Informationen ebenfalls in der Liste haben.

# #41 Der Haare-raufen-Hack

»Tu felix Austria« – Du glückliches Österreich, aber diesmal sind es die Schweizer, die glücklich sind, zumindest was die personalisierte Anrede angeht. Denn in der deutschsprachigen Schweiz ist auch im geschäftlichen Mailverkehr oftmals das »Grüezi Michael« ausreichend, was ohne jegliche Änderung auch ein »Grüezi Michaela« sein kann. Für die personalisierte Anrede ein Glücksfall, wenn man denn den Vornamen in der Liste hat (vergleiche Tipp 40).

Die Österreicher sind leider alles andere als glücklich in diesem Fall, denn in der Alpenrepublik sind nach wie vor Titel sehr wichtig und in der formellen Ansprache gelten in vielen Bereichen strengere Regeln als in Deutschland. Aber auch zwischen Rhein und Oder muss man je nach Zielgruppe auf korrekte akademische Grade achten.

Will man das Ganze über Listenfelder regeln, muss man sehr genau überlegen. Fügt man den Titel zum Nachnamen hinzu, dann gibt es seltsame Ergebnisse, wenn man Vornamen und Nachnamen gleichzeitig verwendet: »Michael *Prof. Dr. Keukert*«. Gleiches gilt, wenn man den Titel zum Vornamen hinzufügt, denn dann muss man immer gestelzt den ganzen Namen nehmen, denn ansonsten geht der Titel verloren.

Die Lösung scheint zu sein, den Titel in ein eigenes Listenfeld zu packen, doch wie soll dieses Listenfeld gefüllt werden? Überlässt man das Ausfüllen den Abonnenten, dann sammelt sich schnell »Müll« an. Der eine schreibt »Prof.«, der nächste »Professor«, ein dritter meint, in ein solches Feld müsse dringend »Dipl.-Ing.« hinein, aber ich habe auch schon »egal« und »Grillmeister« in solchen Feldern stehen sehen.

An diesem Punkt angekommen, wechseln die meisten E-Mail-Marketing-Einsteiger auf eine festgelegte Liste von Titeln, die die gängigsten Kombinationen (meist »Dr.«, »Prof.« und »Prof. Dr.«) enthalten. Kommt man damit in Deutschland gerade noch so durch, wird das in Österreich keinesfalls reichen, da auch bei noch so langen Listen genau *der* Titel fehlt, der für den aktuellen Abonnenten gerade benötigt wird.

Es gibt aber eine sehr einfache und elegante Lösung – meinen Haareraufen-Hack: Packen Sie die gesamte, personalisierte Anrede in ein Listenfeld (das dann von Ihnen, nicht vom Abonnenten, gepflegt wird). Und mit »ganzer Anrede« meine ich wirklich die *ganze* Anrede, also »Sehr geehrter Herr Keukert,« (inklusive Komma), denn dann brauchen Sie im E-Mail-Marketingprogramm lediglich eine einzige Variable einzusetzen.

Das Ganze hat neben einer massiven Erleichterung noch einen anderen Effekt. Es ermöglicht Ihnen, noch persönlicher im Newsletter zu agieren. Vielleicht sind Sie ja mit Frau Dr. Dr. Müller per Du? Über eine normale Personalisierung würden Sie sie mit dem formellen Namen samt Titel ansprechen. Packen Sie aber die komplette Anrede in ein Listenfeld, dann kann da »Liebe Sabine,« (Komma nicht vergessen) stehen. Mitunter haben Personen auch im geschäftlichen Mailverkehr einen Spitznamen, der branchenweit bekannt und akzeptiert ist. Mit meinem Hack können Sie »Lieber J. R.,« schreiben, statt »Sehr geehrter Herr Ewing,«.

Wer wirklich ans Limit gehen will, kombiniert beide Lösungen und hinterlegt als Listenfelder das Geschlecht, den Titel, den Vor- und Nachnamen *und* eine personalisierte Anrede. So können Sie den Abonnenten die Grundpflege überlassen, haben aber dennoch die Möglichkeit, personalisierte eigene Anreden zu hinterlegen. Die Nutzung der Variablen wird dann aber komplizierter, denn wir benötigen …

# #42 If … then … else

… eine Überprüfung, ob eine individuelle Anrede hinterlegt ist. Wenn ja, wird diese genommen. Fehlt die persönliche Anrede, dann heißt das aber noch lange nicht, dass wir dann einfach den regulären Namen samt Titel nehmen können, denn auch hier müssen wir prüfen, ob der denn überhaupt vorhanden ist. Das sieht dann im Endeffekt so aus:

```
WENN personalisierte Anrede verfügbar
    NIMM personalisierte Anrede
SONST
    WENN Nachname verfügbar
        WENN Titel verfügbar
            NIMM Titel Nachname
        SONST
            NIMM Nachname
    SONST
        NIMM generische Grußformel
```

# #43 Excel ist Ihr Freund

E-Mail-Marketingprogramme erlauben es üblicherweise, die Abonnentendaten zu bearbeiten. Das mag beim Ergänzen einzelner Datensätze reichen, wollen Sie aber einer Liste von mehreren Tausend Abonnenten ein Herr/Frau-Merkmal hinzufügen, dann würden Sie keinen Spaß daran haben.

Hier spielt Excel (oder andere Tabellenkalkulationen wie Libre Office und Apple Works) seine Stärken aus. Exportieren Sie die gesamte Liste und laden Sie sie in die Tabellenkalkulation. Dort können Sie dann einfach die Daten bearbeiten.

Über eine Formel können Sie dann beispielsweise typische Mail-Adressen in der Form »michael.keukert@aixhibit.de« aufteilen lassen in die Bestandteile »michael« und »keukert«, eine weitere Ergänzung der Formel macht dann den ersten Buchstaben groß.

Das menschliche Gehirn ist sehr gut in der Lage, in kürzester Zeit Informationen zu erkennen. So können Sie sehr einfach erkennen, wo diese Formel korrekte Namen extrahiert hat, wo halbe Namen (ein Vorname »M« wäre hierzulande eher unüblich) und wo nicht. Diese Felder sind dann schnell korrigiert.

So richtig spielt Ihr Gehirn seine Stärken aus, wenn Sie die Liste dann anhand der Vornamen sortieren. Besser als jede Formel, besser als jede Datenbankabfrage erkennt Ihr Gehirn bei westlichen Namen, ob es sich um einen Mann oder eine Frau handelt. Entsprechende Infos sind dann per Kopieren/Einfügen schnell in die Liste integriert. Bei typischen Listen haben Sie dann meist um die 80%, mitunter mehr, korrekt personalisiert.

Anschließend laden Sie diese Liste wieder in Ihr E-Mail-Marketingprogramm hoch und nutzen dabei die AKTUALISIEREN- oder ÜBERSCHREIBEN-Funktion.

# #44 Testen Sie jede Personalisierung

Personalisierungen, die über das Einfügen eines Nachnamens hinausgehen, sind trickreich und erfordern umfangreiches Testen. Allein schon das Aufsetzen eines Testszenarios erfordert gründliche Überlegung. Fehler in der Konzeption sind kaum zu vermeiden und sollten daher beim Test gefunden werden. Zudem sollten Sie für jede Personalisierung, die Sie einbauen, auch ein »Fallback« einbauen – also einen Text, der angezeigt wird, wenn keine Personalisierung verfügbar ist.

**Abbildung 1.27:** Auch bei großen Unternehmen geht schon mal etwas schief.

Dass auch große Unternehmen vor solchen Fehlern nicht gefeit sind, zeigt eindrucksvoll das Beispiel von DHL, das just während der Korrekturphase dieses Buches in meine Inbox flatterte und das der Anlass für diesen – ursprünglich nicht geplanten – Tipp war.

Eigentlich wollte DHL mir mit dieser Mail einen Gefallen tun. Ich habe kurz vorher den Wohnort gewechselt und DHL möchte mich von den Vorteilen der Packstation überzeugen. Zu diesem Zweck sollte der Standort der nächstgelegenen Packstation prominent oben in der Mail stehen. Nur leider waren die entsprechenden Werte in der Datenbank nicht gesetzt, sodass ich statt einer Adresse nur leere Variablennamen wie NEXT_PACKSTATION_SHORTID zu sehen bekomme.

Der Fall, dass diese Variablen nicht gesetzt sind, war von den Entwicklern offensichtlich nicht vorgesehen. Ich kann nur spekulieren, woran das liegt. Tatsächlich ist die nächste Packstation ziemlich weit von mir entfernt und vielleicht liegt der Datenbankabfrage eine Umkreissuche zugrunde. Hier hätte die Personalisierungslogik abfragen müssen, ob das Feld NEXT_PACKSTATION_SHORTID überhaupt belegt ist, und wenn nein, dann einen anderen Text einblenden müssen oder den Kopfbereich ganz weglassen sollen.

Das Erstellen eines Testablaufs kann auch mit zunehmender Fülle von personalisierbaren Listenfeldern recht komplex werden. Erstellen Sie sich hierzu eine Testliste, in der pro personalisiertem Listenfeld mindestens *zwei* Testadressen enthalten sind: eine pro personalisierbarem Fall (zum Beispiel HERR und FRAU) und eine ohne die entsprechende Personalisierung.

Wenn Sie die Personalisierung dann testen, können Sie die einzelnen Fälle durchspielen und sehen, wie die einzelnen Mails aussehen. Fehler fallen so schnell auf und Sie können die Personalisierungsformeln entsprechend anpassen.

# #45 Eine personalisierte Anrede ist nicht eine personalisierte Mail

Personalisierung, so wird seit einigen Jahren gepredigt, sei das A und O im Onlinemarketing. Wer nicht personalisiere, vergebe Chancen. Auch wenn ich das nicht verallgemeinern möchte, so ist es im Grunde richtig. Von schlechtem Gewissen geplagt, bauen dann viele Marketing-Abteilungen eine personalisierte Anrede in den Newsletter ein und streuen ab und zu noch mal den Namen im Text ein (vergleiche Tipp 18).

Das ist aber keine Personalisierung! Das ist Verzierung.

Personalisierung bedeutet, dem Newsletter-Empfänger die Inhalte zu bieten, die individuell relevant sind. Personalisierung bedeutet auch, das, was Sie über die Abonnenten wissen, zum besseren Transport Ihrer Marketingbotschaft zu nutzen.

Dazu ist kein großer und teurer Aufwand nötig, kein »Big Data«-Ansatz. Das können Sie selbst mit den Informationen, die Sie schon haben.

In den vorherigen Tipps habe ich Ihnen gezeigt, wie Sie Adresslisten besser aufbereiten. Nehmen wir an, Sie möchten einen Newsletter zu einem Sommer-Thema versenden, dem Gartenfest. Sie *können* jetzt allen Abonnenten denselben Newsletter versenden.

Sie können aber auch die Informationen über das Geschlecht der Abonnenten nutzen und männlichen Empfängern ein Bild von einem Mann an einem luxuriösen Gartengrill zeigen, während die weiblichen Empfänger – bei unverändertem sonstigen Inhalt – ein Bild von einem schön gedeckten Gartentisch bekommen, an dem drei Freundinnen mit Prosecco anstoßen. Stereotyp? Ja, absolut. Effektiv? Leider auch. Und viel besser personalisiert als nur über eine Anrede.

Lassen Sie uns den Gedanken weiterspinnen. Die Frauen bekommen den Newsletter in Pastelltönen, die Männer in kräftigen Farben. Schon besser, es geht aber noch mehr.

Die Frauen bekommen Produkte und Tipps angezeigt, wie sie schöne Tischdekoration für die sommerliche Tafel zaubern. Die Männer bekommen Tipps zum optimalen Grillen und über Chilisoßen. Noch mehr Stereotyp, noch mehr Effektivität. Und, ja, es wird Frauen geben, die das doof finden, und Männer, die nix mit Grillen am Hut haben. Dann ist die Relevanz für diese Empfänger niedriger. Unterm Strich wird die Mail – und es geht nach wie vor um *eine einzige* Mail (dank If ... then ... else-Verschachtelung, siehe Tipp 42) – dennoch effektiver sein.

Aber es geht noch weiter. Ist Ihr Marketing-Tool an Ihren Onlineshop angebunden, dann wissen Sie ja bereits, ob der Grill oder die Deko gekauft wurde. Dann noch mal auf den tollen Grill hinzuweisen, ist wenig effektiv – stattdessen könnte dann Zubehör gezeigt werden. Diese Form der Personalisierung ist dann allerdings schon recht komplex und muss gut vorbereitet sein. Sie ist aber dennoch auch für kleine und mittlere Anwender möglich und nicht nur den Großen vorbehalten.

# #46 Jeder Newsletter braucht einen klaren Fokus

In Tipp 29 habe ich ja erklärt, dass kurze Newsletter besser funktionieren als lange. Tipp 30 versuchte Sie dann davon zu überzeugen, pro Newsletter nur ein Thema zu nehmen. Das ist schwer, ich weiß, aber vielleicht wird es etwas einfacher, wenn wir uns anschauen, *was* die E-Mail eigentlich erreichen soll.

Wie, was der Newsletter erreichen soll? Ist halt ein Newsletter!

Vermutlich werden Sie jetzt sagen, Sie wollen »informieren«, aber so einfach kommen Sie mir nicht davon. Keine Marketingaktion ohne klares Ziel! Stellen Sie Produkte vor, dann soll der Newsletter wohl verkaufen. Oder möchten Sie die Besuche in einem Ladenlokal fördern? Möchten Sie Anfragen generieren und wenn ja, per Mail, Telefon, berittenem Boten, Chat, Videokonferenz?

Werden Sie sich also erst einmal klar, was Sie erreichen wollen, und erarbeiten Sie dann das Umfeld des Themas. Wenn Sie ein Produkt verkaufen wollen, dann kommunizieren Sie das klar und eindeutig über einen »Zum Shop«-Button, aber natürlich sollten Sie das Produkt und seine Eigenschaften beschreiben. Da gehören Bilder dazu, aber möglicherweise auch Tabellen oder Datenblätter als PDF-Download. Referenzen gehören möglicherweise auch dazu, der Hinweis auf Ihr Firmenjubiläum, Ihre Azubis oder ein Sport-Sponsoring hingegen nicht.

Wenn Sie ein Thema dazupacken wollen, fragen Sie sich ganz konkret, ob es etwas mit dem Fokus und dem Ziel dieses Newsletters zu tun hat. Wenn nein, gehört es in einen eigenen Newsletter oder ganz weg.

# #47 Kein Newsletter ohne Call-to-Action

*aber nur einer!*

Die Handlungsaufforderung – auf Englisch »Call-to-Action« – ist ein starkes psychologisches Mittel, um einen gewünschten Effekt zu erreichen. Überlegen Sie doch einmal selbst, welche der folgenden Zeilen den stärksten Impuls in Ihnen auslöst:

- Unser Onlineshop
- Zum Onlineshop
- Im Shop kaufen
- Jetzt kaufen

Zugegeben, subtil ist anders, aber »Jetzt kaufen« löst bei uns den stärksten Handlungsimpuls aus, während »Unser Onlineshop« gerade mal auf dem Niveau eines freundlichen Hinweises ist.

Im Sinne von Tipp 46 sollten Sie also dem klaren Fokus der E-Mail einen klaren Call-to-Action zuordnen und optisch in die Nähe des wichtigsten Punktes rücken. Versuchen Sie, sich möglichst auf *einen* Call-to-Action zu beschränken (wobei sich dieser durchaus wiederholen kann).

Oft sehe ich Newsletter mit mehreren Call-to-Action-Elementen. Wenn sich dies wirklich nicht vermeiden lässt, dann sollten Sie versuchen, einen davon zum primären Call-to-Action zu machen und dies auch visuell hervorzuheben. Die anderen Elemente werden dann zu sekundären Call-to-Actions. Aber am besten vermeiden Sie dieses Szenario.

# #48 Buttons sind keine Bilder

Noch stärker wird ein Call-to-Action, wenn er auf einen Button (Schaltfläche, Knopf) gepackt wird. Wie schon in Tipp 38 erwähnt, hat uns jahrzehntelange Computernutzung bestimmte Bedienungsmuster sozusagen eingeimpft. Eines davon ist das Anklicken von Buttons.

Ein Button, beschriftet mit einem starken Call-to-Action-Text, wie »Zum Shop« oder »PDF downloaden« oder gar nur »Weiterlesen«, übt eine starke Anziehungskraft aus.

Die meisten E-Mail-Marketingprogramme bieten – mal mehr, mal weniger gute – Möglichkeiten, Buttons verschiedener optischer Darstellung direkt zu erstellen. Programme wie MailChimp machen es dabei so geschickt, dass diese Buttons keine Grafiken sind (die möglicherweise beim Empfänger nicht angezeigt werden, wie in Tipp 36 beschrieben), sondern aus technischer Sicht reiner Text sind, dabei für den Empfänger aber trotzdem wie ein Button aussehen.

Man verzichtet bei dieser Vorgehensweise möglicherweise ein bisschen auf grafische Spielereien, hat dadurch aber eine weitaus größere Flexibilität und einen größeren Effekt, denn der Button wird auch dann richtig dargestellt, wenn der Empfänger Grafiken ausgeschaltet hat (außer bei Lotus Notes, siehe Tipp 24).

Wir empfehlen unseren Kunden, zwei unterschiedliche Buttons basierend auf dem gleichen Grundlayout zu erstellen. Der optisch »schwerere« Knopf ist dann für den primären Call-to-Action, der »leichtere« für die sekundären Call-to-Actions.

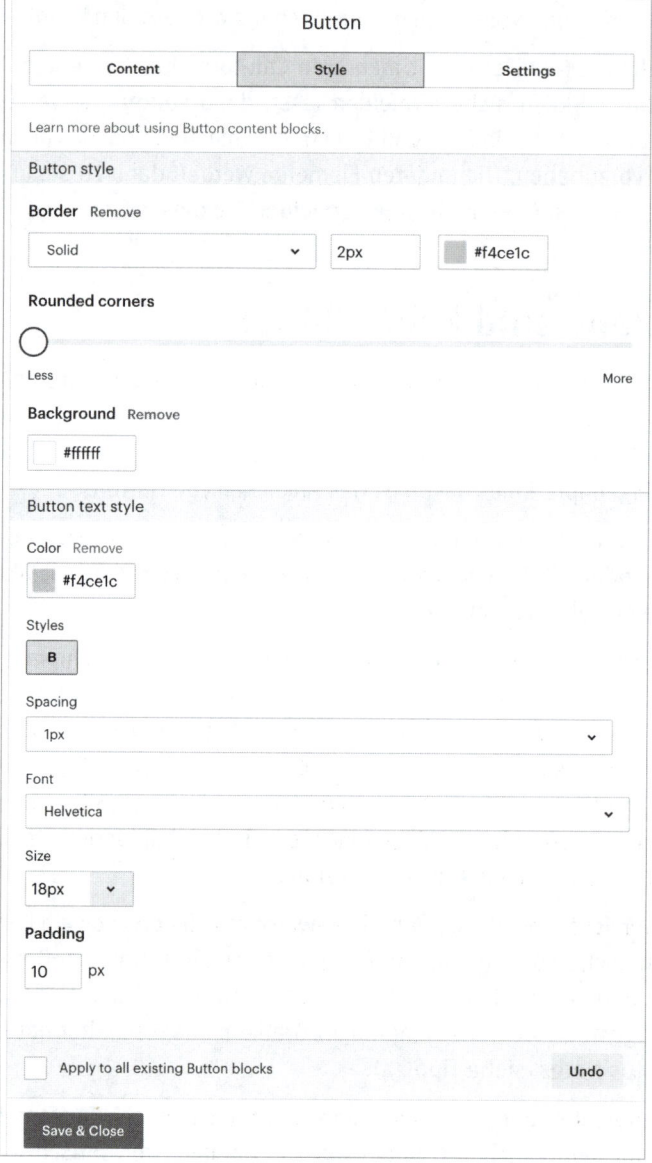

**Abbildung 1.28:** »Textelement« heißt nicht, dass es langweilig aussehen muss

Scheuen Sie sich nicht vor starken Kontrasten oder vermeintlich irreführenden Farben. Tatsächlich funktionieren rote Buttons meist recht gut und werden *nicht* mit Fehlermeldungen assoziiert.

# #49  Newsletter-Design ist ein Kompromiss

Wie in den einleitenden Kapiteln erwähnt, sehen wir uns beim E-Mail-Marketing mit einer großen Zahl von Mailprogrammen unterschiedlichen technischen Standes und Alters konfrontiert. Es gibt keine klaren Regeln, keine Normen, keine Vorgaben, die Allgemeingültigkeit haben. Dies wirkt sich besonders auf das Design der Mails aus. Hier müssen wir quasi immer einen Kompromiss eingehen zwischen dem visuellen Anspruch des Designers und der grausamen Realität in den Mail-Postfächern der Empfänger.

Gerade den Perfektionisten unter uns fällt das sehr schwer, aber beim E-Mail-Marketing ist der Kompromiss, ist das »gut genug«, das »es tut's schon« eine Tugend. Nicht nur wird der zeitliche und technische Aufwand, den Sie treiben, um das letzte Quäntchen Design-Akkuratesse herauszukitzeln, wenig bringen. Nein, es wird mit ziemlicher Sicherheit auch wieder an anderer Stelle etwas kaputt machen.

Entspannen Sie sich daher und akzeptieren Sie diese Limitation. Je näher Sie an den grafischen Möglichkeiten Ihres E-Mail-Marketingprogramms bleiben, desto größer ist die Chance, dass der Newsletter bei den Empfängern auch vernünftig ankommt.

# #50  Mailprogramm-Zombies

Ein Grund für die Notwendigkeit von Kompromissen sind Uralt-Mailprogramme, die man immer noch in freier Wildbahn antrifft. Besonders notorisch ist dabei Microsoft Outlook 2003, ein Zombie, der einfach nicht tot zu bekommen ist.

Outlook 2003 erblickte am 20. November 2003 das Licht unserer Desktops und macht seitdem nur Probleme. Am 28.10.2014 – schönerweise mein Geburtstag – wurde der Support für Outlook 2003 offiziell eingestellt. Das ist aber jetzt auch schon über fünf Jahre her. Trotzdem hält sich dieses Programm immer noch hartnäckig, obwohl es spätestens seit 2014 eine wandelnde Sicherheitslücke ist.

In Outlook 2003 geht fast gar nichts. Nicht ganz so schlimm wie bei Lotus Notes (siehe Tipp 24), aber die visuellen Möglichkeiten sind stark eingeschränkt. Laut dem Forschungsinstitut Litmus hatte Outlook 2003 Ende 2016 noch einen weltweiten Anteil von 1,5% – das dürfte mittlerweile zwar ein bisschen weniger sein, aber nicht bei null liegen. Ich würde sogar wetten, dass Sie in Ihrer E-Mail-Liste noch zahlreiche Outlook-2003-Nutzer haben.

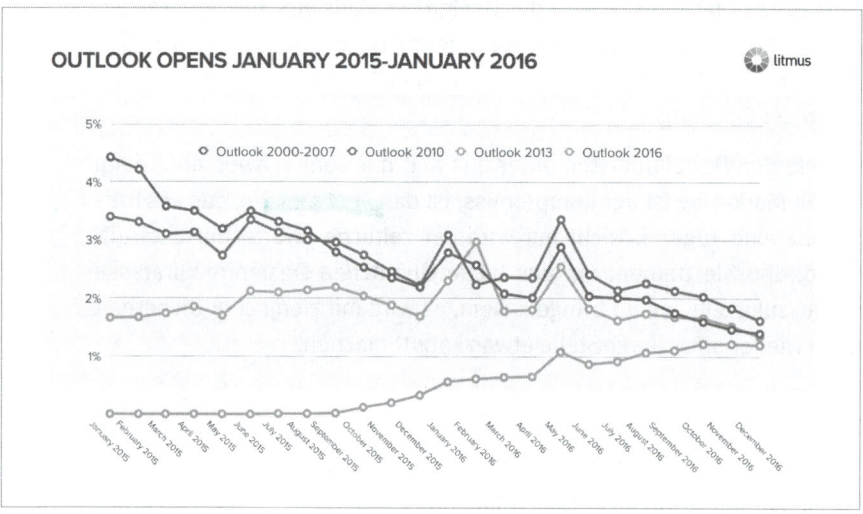

**Abbildung 1.29:** Die Firma »Litmus« führt umfangreiche Statistiken zur E-Mail-Nutzung.

Outlook 2003 ist nur ein Beispiel, warum wir es im E-Mail-Marketing schwer haben, wirklich coole und »sexy« Sachen zu realisieren, wie es die Kollegen aus der Webentwicklung können. Aber Minimalismus kann auch eine Tugend sein und sich beschränken zu müssen, heißt nicht, dass es hässlich sein muss.

# #51 Verabschieden Sie sich von pixelgenauem Layout

Eine Folge dieser Beschränkungen ist, dass man den Traum vom pixelgenauen Layout aufgeben muss. Es geht nicht, wirklich nicht. Die Unterschiede zwischen den Mailprogrammen und den Betriebssystemen sind so groß, die Einschränkungen der Mailclients so verschieden, dass man ein pixelgenaues Layout einfach nicht hinbekommt.

Wenn Ihr Design nur funktioniert, wenn es pixelgenau dargestellt wird, dann eignet es sich nicht für E-Mail-Marketing. Punkt. Sie müssen dann von vorne anfangen und sich etwas überlegen, das die Besonderheiten des Mediums E-Mail berücksichtigt.

Aber machen Sie es bitte nicht wie der Kunde vor einigen Jahren, der diese Beschränkung partout nicht einsehen wollte und dem sein Designer dann schließlich den Newsletter in einer einzigen, großen Grafik anfertigte, die dann per Mail versendet wurde. Die Resultate waren – wenig überraschend – verheerend, aber dem Kunden war die Layouttreue wichtiger als das Ergebnis. Kannste schon so machen ... (Tipp 2 erklärt diese Referenz.)

# #52 Halten Sie Ihren Print-Designer vom E-Mail-Marketing fern

Designer. Ich finde es immer wieder erstaunlich und Ehrfurcht gebietend, wenn ich eine Präsentation erstelle und sie sieht einfach nur grauenvoll aus und dann kommt der Designer, dreht ein bisschen an Zeilen- und Zeichenabständen, ändert vielleicht die Schriftgröße und modifiziert die Farben leicht – und auf einmal ist eine elegante und wunderschöne Präsentation daraus geworden. Was Designer können, können halt nur Designer.

Und das ist der Grund, warum Sie sie *unbedingt* vom E-Mail-Marketing fernhalten sollten!

E-Mail-Marketing und klassisches Designer-Handwerk funktionieren einfach nicht zusammen und die Personengruppe, die damit die größten Schwierigkeiten hat, sind Print-Designer.

Print-Designer sind es gewohnt, in Doppelseiten zu denken. Das menschliche Auge und Gehirn sind hervorragend geeignet, den Inhalt einer Doppelseite auf einen Blick zu erfassen und zu analysieren. Da ist eine Überschrift, da ein Bild, da eine Tabelle, da eine Spalte – all das wird in Sekundenbruchteilen wahrgenommen und das Auge gleitet an Schlüsselelementen wie Bildern und Überschriften entlang. Ein guter Print-Designer kann eine Doppelseite in ein Fest für die Sinne verwandeln und einen guten Gesamteindruck herstellen.

Und genau *das* funktioniert im E-Mail-Marketing nicht. Eine E-Mail wird nie in ihrer Gesamtheit wahrgenommen, sondern man hat immer den Blick durch den Briefkastenschlitz und nimmt die Mail Scheibchen für Scheibchen wahr.

Das heißt, alle Techniken, die der Print-Designer in Ausbildung oder Studium und in der beruflichen Praxis gelernt hat, funktionieren nicht. Es gibt keine ausgewogenen Seitenkompositionen, keinen »Whitespace« den die Seite »zum Atmen« braucht.

Die erlernte Herangehensweise des Print-Designers verhindert aber, dass er diesen Umstand sieht. Er wird die E-Mail als Ganzes designen und sie wird wunderschön aussehen. Das Ergebnis wird Marketing und ggf. Geschäftsführung präsentiert, die wiederum begeistert sind. Dann muss es irgendjemand in der Marketingabteilung im E-Mail-Marketing-programm umsetzen und verzweifelt. Das ist der Moment, an dem wir in der Agentur Anrufe bekommen und dann die Überbringer schlechter Nachrichten sind.

Webdesigner haben es da ein bisschen einfacher, denn ihnen ist die Problematik verschieden großer »Blätter« (»Viewports« – die Fläche, die im Webbrowser für die Anzeige einer Website zur Verfügung steht) bewusst und sie haben Techniken erlernt, wie man damit umgeht. Dafür haben Webdesigner das Problem, dass sie gerne technisch aus dem Vollen schöpfen und Effekte einbauen, die in einem aktuellen Webbrowser kein Problem sind, mit dem ein zehn Jahre altes E-Mail-Programm aber zu kämpfen hat.

Die ideale Person, um einen Newsletter zu designen, ist jemand ohne formale Design-Ausbildung, die aber trotzdem ein gewisses Gespür für Farben und Schriften und Komposition hat. Vor allem aber sollte sie sich mit den Funktionen des E-Mail-Marketingtools umfassend vertraut machen. Wenn dann noch ein ausgebildeter Designer ein paar generelle Tipps geben kann, haben Sie den optimalen Mix.

# #53 Schmeißen Sie die Hälfte Ihres CD-Handbuchs über Bord

Das bedeutet aber auch, dass die Hälfte Ihres Corporate Designs (CD) nicht zur Anwendung kommt. Ich habe schon für teure Budgets erstellte CD-Handbücher gesehen, die sich seitenweise über die Gestaltung von Newslettern ausgelassen haben und wo keine der mit der Erstellung des Handbuchs befassten Personen jemals mit E-Mail-Marketing gearbeitet hat. In einem Fall wurde mir unter der Hand bestätigt, dass man sich »halt was ausgedacht« hat, da der Kunde eben im CD-Handbuch auch was zu E-Mail-Marketing haben wollte.

Gerade wenn viel Geld für ein CD-Handbuch ausgegeben wurde, hat es in vielen Firmen einen Rang leicht über den Zehn Geboten und es muss sich sklavisch daran gehalten werden – ob sinnvoll oder nicht.

Oft kommt mir dann, als externem Berater, die bittere Pille (versüßt durch Berater-Honorare) zu, der Marketingleitung und/oder der Geschäftsführung erklären zu müssen, warum das nicht geht. Da muss ich mitunter verteufelt aufpassen, das Ganze so zu verpacken, dass die Person, die unbedingt das CD-Handbuch wollte (meist der Marketingleiter oder der Chef), nicht blöd dasteht. Und auch die externe Agentur, die das Ding erstellt hat, will man ja nicht unbedingt verprellen.

Allein die Frage, welche Erfahrung die Ersteller des CD-Handbuchs denn mit E-Mail-Marketing haben, wurde schon mit eisigem Schweigen oder – beinah schlimmer – vor mir ausgetragenen Eifersüchteleien zwischen Abteilungen beantwortet.

Ein gutes CD-Handbuch erlaubt Flexibilität. Ein gutes CD-Handbuch zeigt Alternativen auf und erlaubt mehrere Wege zum Ziel. Ein gutes CD-Handbuch räumt in der Präambel ein, dass es eine Momentaufnahme darstellt und die technische Entwicklung Interpretation und Adaption benötigt. Ein gutes CD-Handbuch *hat* überhaupt erst einmal eine solche Interpretationshilfe.

In Produktdesign und Architektur spricht man gerne von »form follows function« – die Form folgt der Funktion. Wenn das CD-Handbuch im Tempel verehrt wird, dann ist es eher »function follows form« – und das klappt im E-Mail-Marketing halt nicht.

# #54 Langweilige Designs sind gute Designs

Mit dieser Aussage ernte ich auf Vorträgen oder Schulungen immer wieder erstaunte Gesichter und Widerspruch. Oftmals verwechseln die Opponenten aber »langweilig« mit »hässlich«, was nicht der Sinn meiner Aussage ist.

Ein langweiliges Design drängt sich selbst nicht in den Vordergrund. Ein langweiliges Design möchte keinen Red Dot Design Award (*https://www.red-dot.org/de*) oder den Art-Directors-Club-Wettbewerb gewinnen. Ein langweiliges Design möchte einfach nur seinen Job machen. Effizient, verlässlich und ohne Star-Allüren.

Ein langweiliges Design gibt einen visuellen Rahmen vor, schafft einen Wiedererkennungseffekt und lässt die Inhalte wirken. Versuchen Sie, ein langweiliges Design zu machen und Ihr E-Mail-Marketing wird nicht nur erheblich einfacher, sondern auch effektiver.

# #55 Seien Sie nicht clever

Wenn Sie schon beim Design Kompromisse machen müssen, dann können Sie doch beim Texten so richtig das Repertoire ausnützen? Spannungsbögen aufbauen, überraschende Wendungen aufbauen und mit der Erwartungshaltung spielen? Was diese E-Mail-Autoren machen, wird

Ihr Leben verändern! Er schrieb eine E-Mail und was danach passierte, werden Sie nie glauben!

Lassen Sie es. Bitte, lassen Sie es. Spielen Sie nicht mit der Erwartungshaltung, es ist die schlechteste Idee, die Sie haben können. Beim E-Mail-Marketing befinden Sie sich in einem Wettbewerb um die Aufmerksamkeit des Lesers. Und die Strafe für verschwendete Zeit ist der Entzug der Einwilligung zum E-Mail-Marketing.

Spielen Sie mit offenen Karten, übermitteln Sie Ihre Botschaft so konzentriert wie möglich.

# #56 Bedenken Sie die mobile Erstöffnungsrate

»Mobile first«, verkündet Google seit einigen Jahren, und obwohl das E-Mail-Marketing der Web-Technologie im Schnitt sieben Jahre hinterherhinkt, gilt das ebenso, wenn nicht sogar mehr für Newsletter.

Bei den von uns betreuten Kunden sehen wir im Schnitt mobile Erstöffnungsraten von knapp unter 60% – bei reinen B2C-Newslettern (also solchen, die an Privatpersonen gehen) von teilweise über 80%.

Wenn jetzt aber im *Durchschnitt* über 60% der Empfänger den Newsletter auf einem Smartphone betrachten und somit der »Briefkastenschlitz« (vergleiche Tipp 52), durch den die Mail betrachtet wird, nochmals kleiner wird, dann kommt es erst recht darauf an, dass das Design den Besonderheiten der Mobildarstellung gerecht wird.

| Top email clients | Export As CSV | | |
|---|---|---|---|
| Desktop | 33.3% | Mobile | 66.7% |
| Gmail | 7.9% | iPhone | 40.7% |
| Apple Mail | 6.7% | Android webview | 15.3% |
| Thunderbird | 4.0% | Chrome Mobile | 7.9% |
| Outlook 2010 | 2.9% | Android | 2.0% |
| Outlook 2016 | 2.8% | Android browser | 0.4% |

**Abbildung 1.30:** Die Auswertung eines typischen B2C-Newsletters

Ein anderes wichtiges Wort, das Ihnen in diesem Zusammenhang vielleicht aufgefallen ist, ist *Erstöffnung.*

Ein Newsletter wird im Schnitt 2,5-mal geöffnet. Salopp ausgedrückt am Morgen auf der Toilette, in der Mittagspause am Büro-PC und am Abend auf dem Sofa mit dem Tablet. Der Erstöffnung kommt dabei besondere Bedeutung zu, denn sie entscheidet darüber, ob die Mail ein zweites oder drittes Mal geöffnet wird.

Die gute Nachricht ist: Wenn Sie Ihre Mail dahin gehend gestalten, dass sie auf Mobilgeräten übersichtlich und attraktiv dargestellt wird, dann wird sie das auch auf stationären Geräten. Was man vom umgekehrten Weg nicht sagen kann.

# #57 Spalten-Layouts sind für Weicheier

In Tipp 52 ging es ja schon um die menschlichen Sehgewohnheiten und wie Print-Designer eine Doppelseite als Gesamtes gestalten. Ein wichtiges Werkzeug dabei sind Spalten, denen zwei Funktionen zukommen.

Zum einen helfen sie dem Auge, nicht zu ermüden. Wenn das Auge über eine komplette A4- oder gar A3-Seite wandern müsste, dann zurück zum Anfang der nächsten Zeile, dann wieder über die gesamte Seite – das wäre auf Dauer anstrengend. Das Auge ermüdet, die Konzentration lässt nach. Spalten kürzen diese Strecke ab, das Auge erfasst die Zeile nahezu komplett und muss wenig wandern. Der Lesefluss ist schneller, die Konzentration höher.

Der zweite Grund ist, dass Spalten ein bequemes Mittel sind, um zu *vermeiden*, Informationen zu priorisieren! Stellen Sie sich den armen Print-Designer vor, der drei Neuigkeiten ins Kundenmagazin bringen soll: einen neuen Vertriebsleiter, ein neues Produkt und eine Messeteilnahme.

Natürlich denkt der neue Vertriebsleiter, dass seine Personalie die wichtigste Meldung ist. Ebenso denkt der Produktmanager, dass die Neuigkeit über das Produkt am wichtigsten ist. Und der Marketingleiter findet natürlich die Messeteilnahme am wichtigsten.

Der Print-Designer – in der Hierarchie weit unten – will natürlich keinem auf die Füße treten, will aber auch nicht die große Welle machen und die

»Oberen« das untereinander austragen lassen. Bequeme Lösung: Alle drei Meldungen in gleich großen Spalten mit gleich großen Bildern nebeneinander, dann kann sich keiner beschweren.

Das klappt aber nicht im E-Mail-Marketing, bei 60% mobiler Erstöffnungsrate. Denn die mobile Darstellung löst die Spaltenreihenfolge auf und setzt die Informationen sowieso übereinander.

Da legt man doch am besten selbst fest, was nach oben und was nach unten soll, und lässt die Spalten ganz weg.

## #58 Bei der Schriftgröße an die Altersstruktur denken

Die Gerüchteküche sagt, dass es irgendwo ein Blog geben soll, wo Bilder von mir drauf sind, auf denen ich auf mein Smartphone schaue. Was daran lustig ist? Ich bin stark kurzsichtig und schiebe meine Brille auf die Stirn und halte mir das Smartphone wenige Zentimeter vor das Gesicht. Offensichtlich sieht das für Außenstehende lustig aus ...

Tatsache ist, dass gerade ältere Menschen oft Schwierigkeiten haben, zu kleine Schriften auf Bildschirmen zu lesen. Die hohe Auflösung moderner Smartphones und Notebooks hat das Problem nur noch weiter verschärft.

Die Möglichkeit, wie bei Websites die Schriftgröße beim Betrachten einzustellen, gibt es in Mailprogrammen meist nicht, oder sie verzerrt die Darstellung des Newsletters so stark, dass die Leser der Mails wohl oder übel zur Lupe greifen müssen. Oder es eben lassen, denn *so* wichtig ist Ihr Newsletter dann doch wieder nicht.

## #59 Bei den Kontrasten an die Altersstruktur denken

Gleiches gilt natürlich auch für die Kontraste. Designer scheuen sich oft vor harten Kontrasten und nehmen lieber einen Grauton auf Weiß. Auch weit verbreitet ist weiße Schrift auf schwarzem Grund. Beides sieht stylish aus, ist aber für das Auge ermüdend. Wenn es schon Grau auf Weiß sein soll, dann lieber ein sehr dunkles Grau als ein mittleres Grau.

## #60 Videos funktionieren nicht in E-Mails

Nein. Wirklich nicht. Sie können kein Video in einen Newsletter einbauen, das dann verlässlich beim Empfänger automatisch losläuft. Selbst wenn Sie auf das automatische Abspielen als Anforderung verzichten würden, werden Sie kaum ein Mailprogramm finden, dass das Video innerhalb des Mailfensters nach einem Klick abspielen würde.

Tatsächlich werden wir in der Agentur sehr oft nach Videoinhalten gefragt, weil wie selbstverständlich angenommen wird, dass es funktioniert. Oft begegnen wir auch glattem Unglauben. Aber es geht wirklich nicht.

## #61 ... außer mit Tricks

Hab ich behauptet, Videos funktionieren nicht in Newslettern? Sie funktionieren natürlich doch – mit Tricks, und nicht so, wie Sie sich das vielleicht vorstellen.

Erinnern Sie sich, was ich über den ALT-Text in Tipp 37 gesagt habe? Dass es sich dabei um eine so dermaßen alte Technik handelt, dass sie in den meisten Mailprogrammen – auch den ganz alten – funktioniert?

Es gibt noch eine Technik aus der Steinzeit des Webs, die uns jetzt zur Hilfe eilt: das animierte GIF!

Das »Graphics Interchange Format« GIF wurde 1987 eingeführt und war eines der ersten Grafikformate, das eine Bilddatenkompression ermöglichte. Die Bilddateien wurden also sehr klein. GIF kann – auch heutzutage – maximal 256 Farben darstellen, eignet sich also nicht für qualitativ hochwertige Bilddarstellung. Durch einen Prozess namens »Dithern« können dem Auge aber mehr Farben vorgegaukelt werden.

Was das GIF-Format für uns interessant macht, ist die Fähigkeit, Animationen abzuspielen. In der GIF-Datei werden mehrere Einzelbilder hintereinander gespeichert – die einzelnen Phasen der Animation –, die dann bei der Anzeige des Bildes einzeln abgespielt werden, sodass das Auge eine Bewegung wahrnimmt.

Hierzu muss die GIF-Datei aber komplett geladen sein, was die praktische Anwendung etwas einschränkt. Würde man ein Video von mehreren Minuten Länge vollständig in ein GIF umwandeln, dann wäre die resultierende Datei mehrere Gigabytes groß und würde erst abspielen, wenn sie komplett geladen wäre, was je nach Verbindungsgeschwindigkeit mehrere Minuten dauern könnte.

Eine weitere Einschränkung ist, dass GIF-Dateien auch keine Tonspur haben, das ist aber für unseren Einsatzzweck egal, denn wir wollen nur den *Eindruck* erwecken, es gäbe ein Video zu sehen.

Suchen Sie sich aus Ihrem Video zunächst eine aussagekräftige Passage von einigen Sekunden Länge heraus. Je länger der Abschnitt, desto größer die GIF-Datei und desto mehr Daten müssen übertragen werden und desto länger dauert es, bis die Animation startet. Bewährt hat sich eine Länge von drei bis fünf Sekunden.

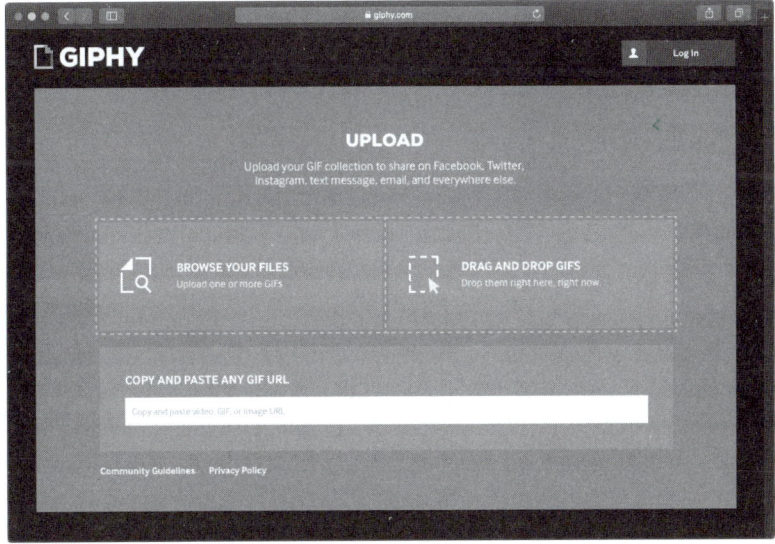

**Abbildung 1.31:** »Giphy« ist das de-facto-Werkzeug für animierte GIFs.

Wählen Sie die Passage nicht nach der Relevanz für das Video aus, sondern wählen Sie sie rein nach optischen Gesichtspunkten aus. Nehmen Sie *die* paar Sekunden, die am spannendsten aussehen. Exportieren Sie diese Passage in ein neues Video. Möglicherweise kann Ihr Videoschnittprogramm direkt animierte GIF-Dateien erstellen. Wenn nicht, gibt es zahlreiche Webseiten, auf denen Sie das Video in ein animiertes GIF umwandeln können. Die bekannteste Seite dürfte GIPHY sein (*www.giphy.com*).

Die so entstandene GIF-Datei können Sie jetzt ganz normal in Ihren Newsletter einbinden. Öffnet der Empfänger die Mail, dann spielt das animierte GIF automatisch in Dauerschleife ab. Das Auge nimmt die Bewegung wahr – wir Menschen sind auf das Erkennen von Bewegung programmiert – und Sie haben wertvolle Extra-Sekundenbruchteile an Aufmerksamkeit.

Das Bild verlinken Sie dann auf die Videoquelle, sodass ein Klick auf das Bild das volle Video außerhalb des E-Mail-Programms zur Anzeige bringt. Das Ganze im Mailprogramm ist zwar ohne Ton, stellt aber einen Kompromiss dar, den wir in letzter Zeit sehr erfolgreich einsetzen.

## #62 Lassen Sie das Video wie YouTube aussehen

Jeder von uns kennt die Steuerelemente von YouTube, minimalistisch in Weiß/Rot gehalten. Play, Pause, der dünne Fortschrittsbalken. Wer diese Elemente sieht, weiß direkt: »Ah, ein YouTube-Video!«

Das können wir uns zunutze machen, indem diese Steuerelemente den Weg in unser animiertes GIF finden und in der Dauerschleife sichtbar sind. Um so klarer wird, dass es sich um ein Video handelt. Am besten nehmen Sie den Fortschrittsbalken des originalen Videos voller Länge, sodass auch klar wird, an welcher Stelle im Video der Ausschnitt spielt.

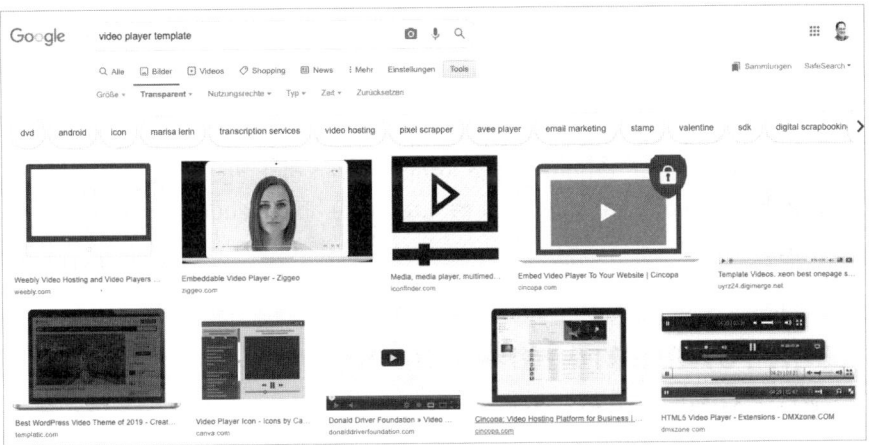

**Abbildung 1.32:** Es gibt zahlreiche Vorlagen für Player-Elemente im Netz.

# #63 ... aber schicken Sie die Leser nicht zu YouTube!

Das so trickreich erstellte animierte GIF soll zum vollständigen Video verlinken, sodass ein Klick auf das GIF die lange Version anzeigt. Wo liegt das Video? Auf YouTube! Wohin verlinken die meisten animierten GIFs? Zum YouTube-Video.

Falsch.

Überlegen Sie mal, was Sie da tun! Sie senden die Personen, die Ihren Newsletter geöffnet und gelesen haben, freiwillig zu YouTube. Dort schauen sie sich – vielleicht – Ihr Video an, werden auch gleichzeitig verlockt mit Hunderttausenden Katzenvideos, neuer Musik und allem unter der Sonne von A wie Aalborg bis Z wie Zypern, darunter Stars und Promis, Politik und Lifestyle, Fußball, Hunden, Motoren, Stricken, Urlaub und Verschwörungstheorien. Und das Schlimmste ist – diese ganzen Verlockungen sind auf die jeweilige Person maßgeschneidert und werden bereits während Ihres Videos angepriesen.

Aber keine Sorge, Sie müssen nicht auf YouTube verzichten. Ihr Video ist dort schon gut aufgehoben, Sie sollten jedoch die »Einbetten«-Funktion nutzen und das Video innerhalb Ihrer eigenen Website einbinden.

Dort haben Sie dann volle Kontrolle, können noch Informationen rund um das Video bieten, Produkte und Kontaktdaten einblenden, Downloads anbieten – und vor allem gibt es dort keine ablenkenden Katzenvideos.

# #64 Nein, Formulare funktionieren auch nicht im Newsletter ...

Auch nach Formularen werden wir oft gefragt. Es wäre doch schön, wenn im Newsletter direkt ein Formular aufgehen könnte, in das der Leser Angaben einträgt, die dann zurück zum Newsletter-Versender gesendet würden.

Sicherlich, eine bestechende Idee, bei der einem auf Anhieb zahlreiche Anwendungsszenarien einfallen. Nur leider geht es nicht. Wirklich nicht. Auch nicht mit Tricks.

# #65 ... werden sie auch eine ganze Weile nicht

Es gibt einige Bestrebungen derzeit, das E-Mail-Format aufzuwerten und Multimedia-Inhalte und interaktive Inhalte zu ermöglichen. Videos wären darüber kein Problem, aber auch beispielsweise Formulare oder Datenbankabfragen würden möglich.

Ich beobachte diese Entwicklung mit gemischten Gefühlen. E-Mail-Marketing funktioniert so gut, weil die E-Mail als Medium so unglaublich einfach, robust und konservativ ist. Interaktive Inhalte würden die Simplizität zunichtemachen und auch wieder neue Sicherheitsprobleme aufreißen. Aber schön wäre es dennoch ...

Selbst wenn diese neuen Bestrebungen heute Abend fertig wären und auf die Menschheit losgelassen würden – so würde es dennoch viele Jahre dauern, bis alle Anwender sie auch wirklich nutzen können. Wieso? Tipp 50 nachlesen.

# #66 Formulare auf die Landingpage

Nun ja, einen klitzekleinen Trick gibt es doch. Ähnlich wie bei den Videos können Sie in den Newsletter schlicht ein Bild des Formulars einbauen. Bei einem Klick auf das Bild kommt man dann auf eine sogenannte »Landingpage« auf Ihrer Website, auf der das Formular dann noch mal drauf ist und dort ausgefüllt werden kann.

Auch hier können Sie noch einen zusätzlichen Effekt über animierte GIF-Dateien erzielen, indem Sie das Bild des Formulars als GIF gestalten und dort einige – dezente – Animationseffekte unterbringen, die so tun, als würde das Formular ausgefüllt. Um die Benutzer nicht zu verwirren, sollten Sie in dem Fall aber einen Hinweis anbringen, dass das eigentliche Formular sich erst nach einem Klick auf das Bild öffnet.

# #67 Spielen Sie nicht mit der Erwartungshaltung

Generell ist es eine schlechte Idee, die Erwartungshaltung der Leser zu enttäuschen. Erinnern Sie sich, dass der Newsletter aus zwei Phasen besteht: vor der Öffnung und nach der Öffnung. Wenn in der Phase vor der Öffnung eine gewisse Erwartungshaltung entsteht, dann sollte der Newsletter dem auch gerecht werden.

Versprechen Sie zum Beispiel tolle Schnäppchen im Webshop, dann sollte der Newsletter auch genau das enthalten und idealerweise nicht mehr. Selbst das Vorwort mit Texten und Bildern zur Grillsaison kann da unter Umständen stören, wenn es nicht vorher im Preheader (vergleiche Tipp 22) angekündigt wurde.

Wo es gerade um Preheader geht: Die Reihenfolge der Themen im Preheader sollte auch exakt die Reihenfolge der Themen im Newsletter sein. Eine andere Reihenfolge, ein zusätzliches Thema oder ein weggefallenes Thema würde nämlich ebenfalls die Erwartungshaltung enttäuschen.

Problematisch ist das zusätzlich dadurch, dass sich der Leser ja zu diesem Zeitpunkt bereits in der Phase nach der Öffnung befindet und eine enttäuschte Erwartungshaltung unmittelbar durch eine Abmeldung ahnden kann und dann für weiteres E-Mail-Marketing verloren ist.

## #68 Beachten Sie die Relevanzkette

Über diese Phasen bauen wir eine sogenannte »Relevanzkette« auf. Den ersten Baustein der Kette setzen Absendername, Betreff und Preheader, die Sie in den Tipps 5 bis 28 ausführlich kennengelernt haben. Diese drei Elemente bilden in der Phase vor der Öffnung die Erwartungshaltung heraus.

In der Phase nach der Öffnung bildet dann der Inhalt der E-Mail das zweite Kettenglied der Relevanzkette. Der Inhalt greift die außerhalb der Mail im »Envelope«, dem »Briefumschlag« gesetzten Themen auf und vertieft sie.

Zwei Kettenglieder bilden noch keine Kette, deswegen kommt mit der Landingpage – beziehungsweise den Landingpages, wenn Sie mehrere Verlinkungen im Nachrichtentext haben – das dritte Glied der Kette hinzu. Auf den Landingpages müssen Sie die Relevanz über die ersten beiden Elemente aufrechterhalten und genau die Inhalte liefern, die der Empfänger erwartet. Auch hier sollten Sie darauf achten, die Erwartungshaltung nicht zu enttäuschen und die Relevanzkette einzuhalten.

## #69 Testen Sie jeden Link

Die allermeisten Newsletter enthalten Verlinkungen, die auf Bereiche Ihrer Website oder auch auf Websites Dritter führen. So banal es klingt, stellen Sie sicher, dass diese Links auch funktionieren. Auch, wenn Sie von außerhalb Ihres eigenen Netzwerkes abgerufen werden.

Was ich da nicht schon alles erlebt habe! Links, die erst nach Eingabe eines Passworts weiterleiten. Links zu noch nicht live geschalteten Vorgucker-Seiten. Sogar Links zu Dokumenten auf der lokalen Festplatte des Redakteurs.

Aber auch Tippfehler bei der Erstellung des Links, angefangen beim fehlenden zweiten Schrägstrich bis hin zu Leerzeichen in der Domain habe ich schon gesehen.

Ein falscher Link ist nicht nur ärgerlich, er verhindert auch, dass Abonnenten Ihres Newsletters auf Ihre Website gelangen, um dort eine gewünschte Aktivität wie zum Beispiel einen Kauf zu tätigen. In gewisser Weise enttäuschen Sie auch die Erwartungshaltung.

Eine weitere Fehlerquelle liegt im Recyceln bereits versendeter Newsletter – einer Praxis, die ich oft beobachte und die reiner Bequemlichkeit entspringt. Kopiert man eine bereits versendete Mail und aktualisiert dann die Inhalte, dann übersieht man leicht einen Link, der dann zu einem falschen Ziel geht. Das passiert besonders gerne bei verlinkten Bildern, denn man ist dazu verleitet, den Austausch des Bildes als ausreichend anzusehen.

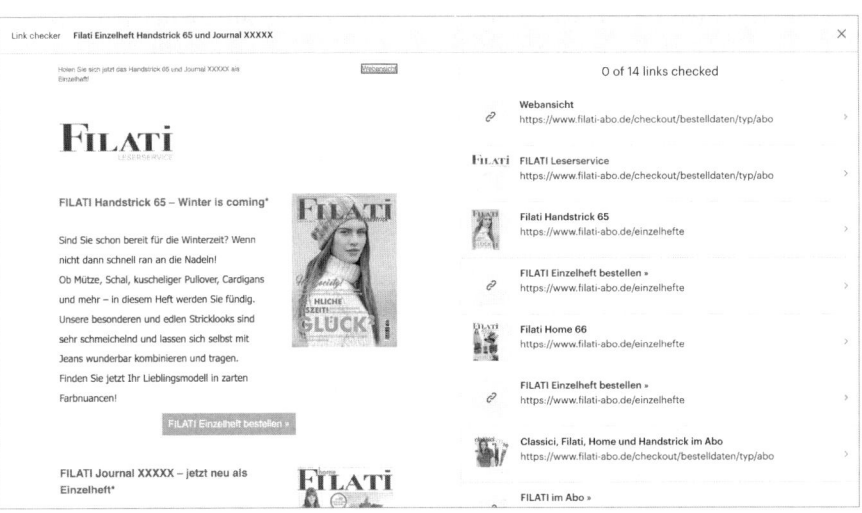

**Abbildung 1.33:** MailChimp bringt einen komfortablen Link-Checker mit.

Testen Sie daher jeden, wirklich jeden Link, ob er denn auch zum gewünschten Ziel führt. Viele E-Mail-Marketingprogramme unterstützen Sie dabei und bieten eine Übersicht über die gesetzten Links, teilweise sogar mit Vorschau auf die Zielseite. Nutzen Sie das!

# #70 Testen Sie jeden ALT-Text

Dieser Tipp bildet eine unheilige Allianz aus Tipp 37 und Tipp 69 und passiert insbesondere beim Recyceln von Newslettern. Ein Bild ist schnell ausgetauscht und dann hat man unbewusst den Eindruck, dass das alles war, was zu tun ist. Möglicherweise denkt man noch an den Link, aber der ALT-Text wird oft vergessen. Und dann steht bei einem Bild von Herren-Jeans im ALT-Text etwas von Sommerkleidern. Peinlich.

Wir haben in der Agentur ein Postfach, das ist so eingestellt, dass keine Bilder nachgeladen werden. So sieht man jeden Newsletter, auch die Test-Newsletter, quasi »nackt« und kann so schön sehen, ob die ALT-Texte zu den jeweiligen Bildern und Links passen.

Zugegeben, ein Lapsus bei den ALT-Texten ist, verglichen zu falschen oder fehlerhaften Links, nicht ganz so schlimm. Zu einem ordentlichen Ablauf bei der Erstellung der Newsletter gehört es aber auch dazu.

# #71 Der finale Test sollte an einen Unbeteiligten gehen

Während der Erstellung der Mail werden Sie häufig Testversendungen machen. Dazu benutzen Sie meist Ihre eigene Adresse oder senden den Newsletter an Kollegen. Das ist auch gut und richtig so.

Das Problem ist aber, dass Sie – und auch Ihre Kollegen – mit der Zeit betriebsblind werden. Wenn Sie mehrere Stunden an einem Newsletter sitzen, möglicherweise auch über mehrere Tage, dann ist Ihnen der Inhalt dieser Mail so dermaßen geläufig, dass Sie unaufmerksam werden.

Das ist nicht abwertend gemeint oder soll Ihre Sorgfalt in Zweifel ziehen, sondern es ist ein ganz normaler Vorgang. Einen Text zum zehnten Mal geringfügig überarbeiten zu müssen, bedeutet, die Nuancen nicht mehr so wirklich wahrzunehmen. Vermutlich wird meine Lektorin Sabine an dieser Stelle mit den Augen rollen und tatsächlich ist ihre Profession davon bis zu einem gewissen Grad ausgenommen, uns Normalsterbliche aber verfolgt die Betriebsblindheit gnadenlos.

Wenn Sie daher denken, Ihr Newsletter ist fix und fertig, alle Links sind geprüft, alle ALT-Texte überarbeitet, jeder Textblock auf Grammatik geprüft und alle Texte auf Verständlichkeit gelesen ... kurzum, wenn *Sie* denken, dass dieser Newsletter jetzt fertig ist, *dann* sollten Sie ihn an eine unbeteiligte Person senden und um einen finalen Test bitten.

Diese Person darf von dem Thema des Newsletters so wenig wie möglich wissen und sollte möglichst auch nicht an der Erstellung beteiligt gewesen sein. Sie soll dann jeden Text lesen, jeden Satzbau prüfen, alle Links checken und alle ALT-Texte überprüfen. Sie können nahezu sicher sein, dass diese Person dann doch noch ein falsches Komma, ein fehlendes Wort oder einen kaputten Link findet.

Gerne empfehle ich, das Ganze reihum zu machen. Wenn Sie zum Beispiel mit drei Personen für die Newsletter zuständig sind, dann sollte pro Aussendung eine Person außen vor bleiben, die dann den finalen Test übernimmt. Bei der nächsten Aussendung ist es dann jemand anderes, bei der übernächsten Aussendung die dritte Person, bevor dann wieder die erste Person dran ist.

# #72 Keine Newsletter in Eile versenden

Freitagnachmittag gegen Ende des Monats ist der Tag, an dem offenbar viele Leute erschreckt realisieren, dass sie seit einem – oder drei – Monaten keinen Newsletter mehr versendet haben. Dann muss alles ganz fix gehen, der letzte Newsletter wird kopiert, es werden schnell neue Bilder gesucht und in viel zu großer Dateigröße eingefügt, es wird ein Text zusammenkopiert und raus damit, weil »besser ein schlechter Newsletter als gar keiner«.

Sie kennen mich jetzt schon einige Seiten und können erahnen, was ich davon halte.

Abgesehen vom fehlenden Konzept wird ein Newsletter, der in Eile erstellt wurde, *immer* Fehler enthalten. Höchstwahrscheinlich Fehler, die peinlich sind oder zumindest dem Ziel des Versandes abträglich.

Statt schuldbewusst freitags etwas zusammenzuschludern und dann Teufel komm raus zu versenden, sollten Sie sich lieber am Montag ein bis zwei Stunden Zeit nehmen und einen ordentlichen Newsletter erstellen und vernünftig testen.

Planen Sie die Themen der Newsletter weit im Voraus – ein Quartal geht locker, mitunter sogar ein halbes Jahr. In einem Redaktionsplan fassen Sie die Themen zusammen und erstellen schon Textblöcke. So kommen Sie nicht ins Schwitzen, wenn der Versandzeitpunkt naht, sondern können dann nur noch die aktuellen Themen nachtragen.

Sie sind dadurch entspannter, die Qualität steigt und die Relevanz für den Abonnenten bleibt hoch. Win-win-win.

# #73 Es gibt keinen richtigen Versandzeitpunkt

Hier wieder ein Evergreen bei Schulungen und Workshops: die Frage nach dem richtigen Versandzeitpunkt. Lassen Sie vor Ihrem geistigen Auge mal Revue passieren, wie viele Newsletter und Marketing-Mails Sie so in der Woche bekommen und an welchen Tagen und zu welchen Uhrzeiten das passiert. *Wenn* es einen richtigen Versandzeitpunkt gäbe, dann würden alle diese Mails, die Sie bekommen, genau zu *diesem* Zeitpunkt kommen. Und ihn so gleichzeitig zum absolut grundfalschen Zeitpunkt werden lassen.

Für einen Kunden aus dem Kfz-Zubehörbereich haben wir Newsletter an Werkstätten versendet. Hier war Vorgabe des Kunden, dass diese von Dienstag bis Donnerstag um 8:30 Uhr versendet werden müssen. Nach einiger Zeit überzeugten wir den Kunden, mit den Versandzeitpunkten experimentieren zu dürfen, und ein Newsletter war für 15:30 Uhr geplant.

Leider hat die Mitarbeiterin, die den Newsletter erstellt hat, das amerikanische »pm« (Post Meridiem – Nach Mittag) mit »am« (Ante Meridiem – Vor Mittag) verwechselt und als Folge ging der Newsletter um 3:30 Uhr morgens raus. Und wurde ein voller Erfolg mit überdurchschnittlich hohen Werten. Dass man dies nicht verallgemeinern konnte, zeigte dann der nächste – diesmal geplante – Versand um 3:30 Uhr morgens, der lediglich durchschnittliche Werte erreichte.

Der richtige Zeitpunkt ist daher der, zu dem Sie entscheiden, den Newsletter zu versenden. Dieser Zeitpunkt ist zunächst natürlich einmal abhängig von der Zielgruppe. Unsere STRICKEN.DE-Newsletter versenden wir samstags früh, weil zu diesem Zeitpunkt die Strickerinnen erfahrungsgemäß am – haha – empfänglichsten dafür sind.

Weiterhin sollten Sie natürlich Ihre internen Abläufe bedenken. Einen Newsletter zu versenden, der als Ziel den telefonischen Kontakt mit Ihrem Vertrieb hat, macht nur während der Geschäftszeiten Sinn. Den gegen 17:00 Uhr zu versenden, wenn Ihr Innendienst um 16:30 Uhr Feierabend macht, wäre ungeschickt.

Experimentieren Sie mit dem Versandzeitpunkt ein bisschen, und sobald Sie einen Zeitpunkt gefunden haben, der mit Ihrer Zielgruppe funktioniert, behalten Sie ihn – bis auf gelegentliche Tests – bei.

## #74 Es gibt keinen falschen Versandzeitpunkt

Es kursieren Tipps zum Versandzeitpunkt wie »niemals Montagvormittags« oder »niemals Freitagnachmittags«, aber auch »immer nur während der Geschäftszeiten«. Allein die Existenz solcher Tipps provozieren in mir schon den Impuls, es *gerade* an Montag-Vormittagen oder Freitag-Nachmittagen zu probieren.

Überlegen Sie sich einfach, was Ihre Zielgruppe im Tages- und Wochenverlauf so macht. Das kann zu überraschenden Ergebnissen kommen, wie zum Beispiel, dass man Optiker – in der Regel Selbstständige mit ein oder zwei Filialen – am besten sonntags vormittags erreicht, weil sie da nicht in ihren Läden sind, sondern ggf. zu Hause Büroarbeit machen.

# #75 Vor jeden A/B-Test gehört ein A/A-Test

A/B-Tests gelten vielen als Wunderwaffe im Onlinemarketing. Der Gedanke ist bestechend: Man teilt die Zielgruppe in zwei Teile, sendet jedem dieser Teile eine unterschiedliche Mail und schaut, welche Version besser funktioniert. Manche Programme bieten sogar an, zwei kleine Gruppen (zum Beispiel jeweils 10% der Gesamtmenge) mit den verschiedenen Versionen zu testen und nach ein paar Stunden die Version, die besser funktioniert hat, an die verbleibenden 80% zu senden.

Ich habe so meine Schwierigkeiten mit dieser – zugegebenermaßen sehr bequemen – Vorgehensweise. Lässt sie doch zu viele externe Faktoren wie zum Beispiel Datum und Uhrzeit außen vor. Grundsätzlich sind A/B-Tests aber eine gute Sache, wenn man ein paar Dinge beachtet, die in den nächsten Tipps thematisiert werden.

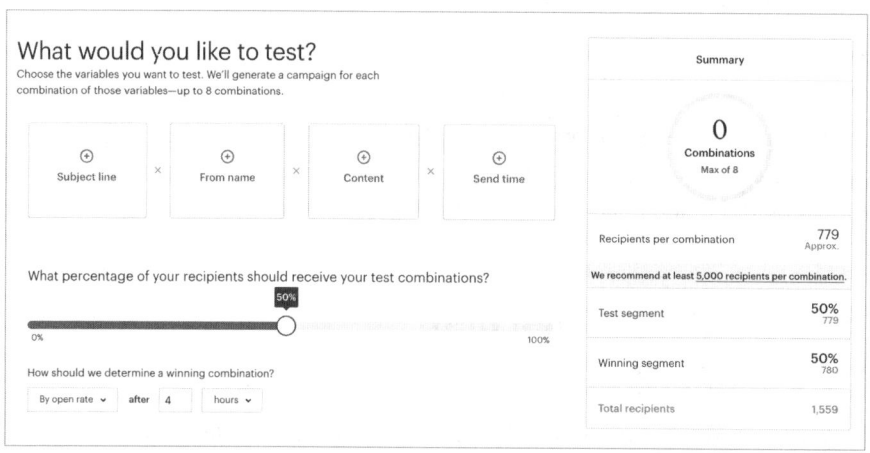

**Abbildung 1.34:** A/B-Tests sind bei den meisten Programmen sehr bequem.

Ganz wichtig aber: Vor den A/B-Test gehört unbedingt ein A/A-Test. Bei dieser Art des Tests wird die Zielgruppe auch wieder aufgeteilt (am besten 50:50), aber beide Teilgruppen erhalten exakt den *gleichen* Newsletter. Man würde demnach erwarten, dass beide Versionen also auch genau gleich funktionieren, also beispielsweise die gleiche Öffnungsrate oder Klickrate aufweisen.

In der Praxis ist das aber nahezu nie der Fall und beide – identischen – Versionen haben eher eine 48%-zu-52%-Verteilung, was die ausgewählte Messgröße angeht. Diese 4% Unterschied definieren Ihre »Baseline« beziehungsweise das »Grundrauschen« Ihrer Liste.

Wenn jetzt der tatsächliche A/B-Test einen Unterschied von 2% zwischen beiden Varianten ausmacht, dann liegt das unterhalb des Grundrauschens von 4% und hat keine Relevanz, sondern ist mehr zufälligem Verhalten zuzuschreiben. Liegt der Unterschied aber bei 6% und damit über dem Grundrauschen von 4% in diesem Beispiel, dann ist es schon signifikant.

Sie sollten den A/A-Test regelmäßig wiederholen, da ein E-Mail-Verteiler vom Verhalten her gewissen Schwankungen unterliegt.

# #76 Beachten Sie die statistische Relevanz

Moderne E-Mail-Marketingprogramme bieten eine erkleckliche Auswahl an statistischen Auswertungen über den Effekt und Erfolg der jeweiligen E-Mail-Kampagnen. Zur besseren Vergleichbarkeit von Öffnungs- oder Klickraten werden dabei gerne Prozentwerte genommen, die Schwankungen der Empfängerzahl nivellieren sollen.

Das geht so lange gut, wie Verteiler von mehreren Tausend Empfängern genutzt werden. Ich sehe aber auch immer wieder Listen mit wenigen Hundert Empfängern und Personen, die stolz auf die damit assoziierten Öffnungsraten sind.

So auch der Marketing-Mitarbeiter eines kleinen Onlineshops, der mit Stolz auf eine Öffnungsrate von 60% verwies, was tatsächlich ein guter Wert wäre, wenn nicht die Liste sage und schreibe nur 40 Personen umfasst hätte, davon drei aus dem eigenen Hause.

Allein diese drei Personen, die natürlich alle öffnen, machen schon 7,5% Öffnungen aus. Auch dann sind gut 50% »echte« Öffnungen noch beachtlich, aber eine einzelne Person kann das Ergebnis um 2,5% nach oben oder unten ziehen. Sind von dieser kleinen Gruppe fünf Leute in Urlaub, sinkt die Öffnungsrate um satte 12,5%. Zieht man dann noch die drei eigenen Leute ab, hat man mit einem Schlag 20% weniger Öffnungen.

Ich empfehle, prozentuale Angaben erst ab einer Listengröße von 1.000 Abonnenten einer ernsthaften Interpretation zu unterziehen. Bei kleineren Listen sind die Resultate zu sehr vom Zufall abhängig. Dies gilt besonders im Bereich der A/B-Tests, die ja die Listengröße nochmals aufteilen.

## #77 Ein einzelner Test hat keine Allgemeingültigkeit

Generell sollten Sie beachten, dass ein einzelner Test – egal ob A/B-Test, A/A-Test oder sonstiger Test – keine Allgemeingültigkeit hat. E-Mail-Marketing findet nicht im Vakuum statt, es ist kein 100% deterministischer Prozess, sondern unterliegt zahllosen externen Faktoren, auf die Sie keinen Einfluss haben. Darunter so triviale Faktoren wie das Wetter oder ob die ARD einen Brennpunkt zu einem aktuellen Thema macht.

Ein Test ist immer eine Momentaufnahme. Das Ergebnis kann eine Stimmung wiedergeben, einen Trend aufzeigen, aber er hat ein eingebautes Verfallsdatum.

Stellen Sie das Ergebnis also kritisch infrage und testen Sie es erneut nach einiger Zeit. E-Mail-Marketing ist ein Prozess und man ist nie »fertig« damit. Gerade wenn das Ergebnis eines Tests besonders unerwartet ist (vergleiche den unabsichtlichen Test aus Tipp 73), sollten Sie es erst recht infrage stellen und erneut testen.

## #78 A/B-Tests müssen nicht in der gleichen Aussendung sein

In Tipp 76 habe ich die Problematik kleiner Listen mit wenigen Hundert Empfängern ja schon erwähnt. Aber auch mit solchen Listen kann man A/B-Tests machen. Nur eben nicht in der gleichen Aussendung, sondern über zwei aufeinanderfolgende Newsletter verteilt.

Das ist natürlich nicht so bequem wie über die eingebauten Funktionen der Programme und es unterliegt ebenfalls statistischen Einschränkungen und externen Faktoren, aber es ist besser als nichts.

Wichtig ist in solchen Szenarien, dass Sie bei den Tests möglichst die gleiche Ausgangssituation haben. Ein wöchentlicher Newsletter am gleichen Tag ist besser für ein solches Experiment als ein Quartalsnewsletter.

# #79 Die Öffnungsrate lügt

Die Öffnungsrate ist *die* Metrik, der viele Einsteiger ins E-Mail-Marketing die höchste Bedeutung zumessen. Machen wir es kurz und schmerzlos: Die Öffnungsrate ist zwar nicht völlig irrelevant, hat aber mit dem Erfolg Ihres Newsletters wenig zu tun. Und sie ist falsch. Immer.

| | | | |
|---|---|---|---|
| Open rate | 35.6% | Click rate | 8.7% |
| Audience average | 36.2% | Audience average | 9.7% |
| Industry average (Creative Services/Agency) | 18.1% | Industry average (Creative Services/Agency) | 2.5% |

| 1,692 | 415 | 6 | 15 |
|---|---|---|---|
| Opened | Clicked | Bounced | Unsubscribed |

| | | | |
|---|---|---|---|
| Successful deliveries | 4,751  99.9% | Clicks per unique opens | 24.5% |
| Total opens | 2,656 | Total clicks | 686 |
| Last opened | 13/10/19 18:09 | Last clicked | 13/10/19 15:02 |
| Forwarded | 0 | Abuse reports | 0 |

**Abbildung 1.35:** Die Öffnungsrate ist für viele die maßgebliche Messgröße.

Es wird Sie vielleicht überraschen, aber es gibt keinen technisch zuverlässigen Weg, um die Öffnung einer E-Mail überhaupt zu messen. E-Mail wird im Internet über das Protokoll SMTP (Simple Mail Transfer Protocol) transportiert. Dieses Protokoll stammt aus dem Jahr 1982 und ist 35 Jahre später immer noch in nur geringfügig modifizierter Form im Einsatz. Und dieses Protokoll ist primär eine Einbahnstraße: Der sendende und der empfangende Mailserver stimmen den Austausch der Mail ab, dann wird die Mail übertragen und das war es dann. Eine Rückantwort über die erfolgreiche Zustellung ist nicht vorgesehen.

Um zu ermitteln, ob eine Mail geöffnet wurde, greifen E-Mail-Marketing-programme zu einem Trick. In den Text der Mail wird eine Grafik eingefügt – mitunter »Zählpixel« oder »Tracking-Pixel« genannt –, die von einem externen Server im Internet nachgeladen wird. Diese Grafik wird für jeden Newsletter-Empfänger über einen Parameter individualisiert. Wird jetzt die so vorbereitete Datei vom externen Server angefordert, dann wird für diesen Empfänger eine Öffnung verzeichnet. Diese Methode ist zwar clever, aber leider auch unzuverlässig. Es gibt zahlreiche Gründe, warum das Zählen fehlschlagen kann. Eine Auswahl:

- Benutzer hat das Nachladen von Grafiken abgeschaltet.
- Sicherheitssoftware des Benutzers hat das Nachladen von Grafiken abgeschaltet.
- Sicherheitssoftware des Benutzers entfernt den Parameter von den Grafiken.
- Mailserver des Benutzers entfernt den Parameter von den Grafiken.
- Benutzer verwendet ein Nur-Text-Mailprogramm (unwahrscheinlich, kommt aber immer noch vor).

Die gute Nachricht ist, dass die Öffnungsrate eher zu niedrig als zu hoch ermittelt wird. Die Metrik ist also nicht völlig nutzlos, Sie sollten ihr aber nicht zu großen Wert beimessen.

Mitunter legen wir es bei den Newslettern unserer Kunden geradezu darauf an, dass sie nicht geöffnet werden. Diese Herangehensweise sorgt bei meinen Vorträgen und Schulungen immer wieder für Erstaunen. Insbesondere bei Newslettern, die mit einer sehr hohen Frequenz versendet werden, ist es uns beinahe lieber, wenn ein Newsletter nicht geöffnet wird. Die Alternative wäre nämlich, dass der Abonnent den Newsletter abbestellt, weil er ihn für irrelevant erachtet. Um das zu verhindern, formulieren wir den Betreff und den Preheader des Newsletters so, dass von vornherein klar wird, worum es in der Mail geht. Interessiert einen Abonnenten eine Ausgabe des Newsletters nicht, dann erkennt er das schon an diesen beiden Angaben und öffnet ihn nicht. Es gibt keine Überraschungen. Und es gibt keine Abmeldungen.

**Abbildung 1.36:** Eine schräge These, die ich aber belegen kann.

Ein weiterer positiver Aspekt ist, dass trotzdem ein Markenkontakt besteht. Der Abonnent sieht den Newsletter, er nimmt den Absender wahr, er nimmt sogar den Betreff und Preheader wahr und beschäftigt sich damit. Auch wenn diese Beschäftigung zum Löschen führt, bleibt die Marke doch im Gedächtnis. Und die Nicht-Öffnung hat insgesamt etwas Positives.

Auch wenn die Öffnungsrate absolut gesehen wenig Relevanz hat, können Sie sie jedoch als *relatives* Kriterium heranziehen. Wenn drei aufeinanderfolgende Newsletter mit gleicher Empfängergruppe Öffnungsraten von 13%, 27% und 15% haben, dann ist klar, dass der zweite Newsletter besser funktioniert hat. Die Werte absolut zu nehmen, ergibt aber wenig Sinn.

Letztendlich sollten diese Ausführungen die zweite Standardfrage, die ich immer wieder höre, erledigen: Nein, es gibt keine allgemeingültige »gute« oder »schlechte« Öffnungsrate.

# #80 Auf die Konversionsrate kommt es an

Die Öffnungsrate und die geringfügig zuverlässigere Klickrate lenken aber von dem ab, was Sie eigentlich messen sollten: die Konversionsrate!

Als Konversion bezeichnen wir das erwünschte Verhalten eines Newsletter-Empfängers, also zum Beispiel den Kauf in einem Onlineshop. Aber auch Registrierungen, Anrufe, ausgefüllte Kontaktformulare oder gar angeschaute Videos können als Konversion gelten.

Konversionen können zumeist nicht innerhalb des E-Mail-Marketingprogramms gemessen werden, sondern benötigen externe Programme wie Google Analytics. In unseren Projekten nimmt Google Analytics eine zentrale Rolle ein, da wir auf dieser Plattform Daten aller Marketingkanäle – auch des E-Mail-Marketings – zusammenführen und zentral die Konversionen messen.

Die Öffnungsrate können Sie kurzfristig mit Tricks hochtreiben – zulasten der Abmeldequote. Die Klickrate lässt sich ebenso beeinflussen, wenngleich auch auf Kosten einer höheren Abmeldequote. Die Konversionsrate – besonders wenn es um einen Kauf geht – können Sie aber nicht so einfach manipulieren und deswegen ist sie die eine *harte* Metrik im E-Mail-Marketing.

Ich behaupte nicht, dass Sie Öffnungs- und Klickraten komplett ignorieren sollen. Aber Sie sind gut beraten, wenn Sie Ihr E-Mail-Marketing auf die Konversionsrate ausrichten. Letztendlich zeigt eine gute Konversionsrate ja auch, dass Sie den Empfängern genau das geben, was diese wünschen.

Überlegen Sie sich also das Ziel der Kampagnen (siehe Tipp 46) und optimieren Sie die Inhalte vor der Öffnung, nach der Öffnung und auf der Landingpage (siehe Tipp 68) sodass Konversionen ermöglicht und gefördert werden. Der Rest ergibt sich dann beinah von selbst.

# #81 Senden Sie Nichtöffner-Mailings

In Anbetracht von Tipp 79 mag es absurd klingen. Wieso sollte man an die Nichtöffner einen Newsletter senden, wenn die Öffnung gar nicht zuverlässig gemessen werden kann? Tatsächlich zeigt die Praxis aber, dass diese speziellen Mailings, die an das Segment der Liste gehen, die den vorhergehenden Newsletter erhalten aber nicht geöffnet haben, nochmal typischerweise weitere 5% bis 7% Öffnungsrate bringen.

Praktischerweise legen Sie das Nichtöffner-Mailing unmittelbar mit dem eigentlichen Mailing an. Es kostet nur ein paar Mausklicks mehr, indem Sie die fertige Kampagne replizieren und das weitere Segment einstellen.

Wir empfehlen, das Nichtöffner-Mailing wenige Tage nach dem ursprünglichen Mailing zu versenden – idealerweise aber zu einer anderen Uhrzeit.

# #82 Nehmen Sie Abmeldungen nicht persönlich

Personen melden sich von Ihrer Liste ab. Auch Personen, die die letzten drei Jahre treu alle Mails gelesen haben, melden sich möglicherweise irgendwann ab. Das passiert, ist normal, kann alle möglichen Gründe haben und Sie sollten es nicht persönlich nehmen.

Gerade bei kleinen Listen schmerzt jede Abmeldung. Gründe dafür können so trivial sein wie der Wechsel der E-Mail-Adresse (was eine Anmeldung unter einer anderen Adresse nach sich zieht), aber Interessen können sich ändern, Geschmäcker variieren oder verfügbares Einkommen oder verfügbare Zeit können sich ändern.

Es gibt ein »Do« und zwei »Don'ts« in dieser Situation. Das eine »Don't« ist: Kontaktieren Sie die Personen nicht, die sich abmelden. Es ist ungehörig und gibt den Personen das unangenehme Gefühl, überwacht zu werden. Zudem könnte es als unzulässige Kommunikation gewertet werden, was uns zum zweiten »Don't« bringt: Schalten Sie *unbedingt* die automatische Abmeldebestätigung Ihres E-Mail-Marketingprogramms aus. Durch die Abmeldung hat der (ehemalige) Abonnent nämlich ganz klar erklärt, dass er von Ihnen keine geschäftsmäßige Kommunikation mehr wünscht. Und eine Sekunde später erhält er von Ihnen die Abmeldebestätigung. Auch wenn das nett gemeint ist, so birgt es doch ein Abmahnrisiko.

Das »Do« hingegen ist sehr wichtig: Ermöglichen Sie es einem abgemeldeten Abonnenten, sich wieder zur Liste anzumelden. Das gilt insbesondere für Listen ohne öffentliche Anmeldung, denn dort haben die Personen gar keine Chance, sich über die Website anzumelden. Personen, die lediglich ihre E-Mail-Adresse ändern wollen, nutzen oft dazu die Abmeldefunktion und vertrauen darauf, dass sie sich nach der Abmeldung wieder anmelden können. Ermöglichen Sie ihnen das, idealerweise direkt auf der Abmeldeseite.

# #83 Niemand nutzt »An einen Freund weiterleiten« ...

Es klingt so gut! Ein Leser Ihres Newsletters findet den *so* toll, dass er unbedingt einem Freund davon erzählen muss und diesen ermutigt, den Newsletter auch zu abonnieren. Dazu sucht er in Ihrem Newsletter nach der »An einen Freund weiterleiten«-Funktion, füllt dann in einem Formular die E-Mail-Adresse des Freundes aus und schreibt in ein Kommentarfeld noch eine begeisterte Nachricht an den Freund. Das Ganze dann auch möglicherweise mehrmals, denn sein ganzer Freundeskreis soll ja von Ihrem tollen Newsletter erfahren. Realitäts-Check: Nope! Macht keiner.

Wenn ich Ihren Newsletter an jemanden weiterleiten möchte, dann mache ich genau das: Ich nutze die »Weiterleiten«-Funktion meines Mailprogramms und sende meinem Bekannten den Newsletter einfach weiter. Kein zusätzlicher Aufwand, Standardfunktionen und für den Empfänger transparent ...

# #84 ... außer, wenn man ihnen was Böses wünscht

... im Gegensatz zur »An einen Freund weiterleiten«-Funktion, die alles andere als transparent ist und ein erhebliches Risiko birgt. Denn im Detail versendet Ihr Marketingprogramm an einen Fremden unter Ihrem Namen eine Werbemail. Unverlangt. Die dritte Person weiß möglicherweise gar nicht, wer Sie sind und wieso sie aus heiterem Himmel von Ihnen eine Werbemail bekommt.

Zudem kann diese Funktion auch missbraucht werden. Wenn Ihnen jemand Ärger machen möchte, dann könnte er diese Funktion nutzen, um Ihre Newsletter beispielsweise an einen Anwalt für Wettbewerbsrecht zu senden oder an einen Verbraucherschutzverein. Je nachdem, wie die so »drauf sind« und wie viel gerade los ist, kann das dann eine Abmahnung nach sich ziehen, bei der Sie dann eher schlechte Karten haben.

# #85 Garbage in, garbage out

Listenqualität ist das A und O im E-Mail-Marketing. Wenn Ihre Liste nicht vernünftig aufgebaut ist, wenn die Listenfelder Kraut und Rüben sind, dann kommen auch keine guten Ergebnisse raus.

Vor vielen, vielen Jahren habe ich bei einem kleinen Softwarehaus gearbeitet, das passenderweise Lotus Notes zur Verwaltung der Kunden- und Interessentenadressen genutzt hat. Einer der Vertriebsmitarbeiter hat das Listenfeld FIRMA2, das eigentlich für sehr lange Firmennamen oder Abteilungen gedacht war, als seine eigene, private Datenbank genutzt. So stand bei einer Firma in diesem Listenfeld dann der denkwürdige Satz »Vorsicht! Fauler Kunde!« Ich war der arme Student, der dann einen Word-Serienbrief machen musste und dem – nicht um diesen inoffiziellen Umstand wissend – prompt dieses Listenfeld unterkam. Es landete dann genau so auf dem Anschreiben und ist genau so in die Post und zum Kunden gegangen, der »not amused« war. Raten Sie mal, wer den Ärger bekam: der Vertriebsmitarbeiter, der ein Listenfeld in unzulässiger Weise genutzt hat, oder der Student, der den Serienbrief machen musste und es nicht gemerkt hat? Richtig geraten.

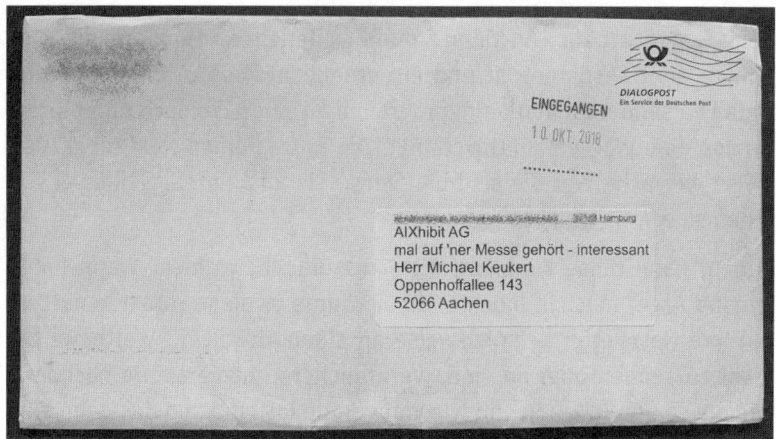

**Abbildung 1.37:** Da hat jemand die Adressdatenbank mit einem CRM verwechselt.

Halten Sie Ihre Adressliste in Ordnung! Das fängt bei korrekter Klein/ Großschreibung bei Namen an (*nicht* alles klein und *nicht* alles groß und schon gar nicht wild gemischt). Achten Sie darauf, dass alle Listenfelder gleich formatiert sind. Alle Telefonnummern im gleichen Format (Moment mal, wofür brauchen Sie Telefonnummern in Ihrer E-Mail-Liste?), Länder alle gleich formatiert (nicht ein wilder Mischmasch aus »DE«, »de«, »De«, »D« oder »d«) und insbesondere Personalisierungsinformationen sollten so eindeutig wie möglich sein.

# #86 Datensparsamkeit

Spätestens seit Einführung der DSGVO sollte uns allen bewusst sein, dass wir mit Daten verantwortungsvoll umgehen. Daher sollten Sie in Ihren E-Mail-Verteilerlisten nur Daten haben, die Sie auch nutzen. Die Telefonnummer, wie in Tipp 85 beispielhaft aufgeführt, dürfte in aller Regel *nicht* dazugehören, obwohl auch Szenarien denkbar sind, in denen eine Telefonnummer ihre Berechtigung in der E-Mail-Liste hat.

Wenn Sie keine Personalisierung planen, dann schmeißen Sie Vorname und Nachname aus der Liste raus. Letztendlich können Sie diese Daten ja später immer noch wieder ergänzen, wenn sie benötigt werden.

Jedes Listenfeld, das nicht in der Liste ist, macht die Arbeit mit der Liste einfacher, vermeidet Fehler, verringert den Pflegeaufwand und gibt Ihnen das gute Gefühl, verantwortungsvoll mit den Daten umzugehen.

# #87 Setzen Sie sich selbst auf die Adressliste

So offensichtlich und so oft nicht gemacht. Setzen Sie sich selbst auf Ihre eigene Adressliste. Am besten mit mehreren Adressen, zum Beispiel noch einer Googlemail- oder GMX-Adresse. Wenn Sie Felder zur Personalisierung nutzen, dann sollten Sie für Ihren eigenen Eintrag möglichst viele Personalisierungsoptionen eingeschaltet haben – zur Not über mehrere Einträge hinweg.

Sich selbst auf die Liste zu setzen, hat mehrere nützliche Effekte. Einerseits bauen Sie so ein bequemes Archiv der versendeten Mails auf. Sie sehen gleichzeitig auch, wie die Personalisierungen umgesetzt sind. Und wenn Sie Freemailer und Webmailer in den Adressdaten haben, sehen Sie auch, ob Ihr Newsletter möglicherweise im Spam hängen geblieben ist.

Sie sollten aber auch *alle anderen* Personen in Ihrem Unternehmen oder Ihrer Organisation, für die der Newsletter relevant ist, auf die Adressliste setzen. Zum Beispiel die Mitarbeiter Ihrer Telefonzentrale, Ihres Sekretariats oder des Vertriebs. Das verhindert, dass die eigenen Mitarbeiter erst durch Rückfragen von Kunden von Aktionen oder Ankündigungen erfahren.

# #88 Erstellen Sie eine Testliste

Neben der Liste, die Ihre Marketingkontakte enthält, sollten Sie *immer* auch eine Testliste haben. Auf diese Liste setzen Sie sich selbst mit zwei bis drei verschiedenen Adressen, also auch mit Freemailer-Adressen und Adressen, die Sie auf dem Smartphone empfangen. Zusätzlich sollten Sie auch Ihre unmittelbaren Kollegen oder Mitarbeiter auf diese Liste setzen.

Beim Erstellen eines neuen Newsletter wählen Sie dann zunächst die Testliste als Empfänger aus. Das minimiert die Gefahr, bei einem versehentlichen Versand (Stichwort: Wurstfinger) einen halb fertigen oder fehlerhaften Newsletter an den gesamten Verteiler zu senden. Erst unmittelbar vor dem Versand wechseln Sie dann auf die richtige Liste.

Mit der Testliste können Sie aber auch – nun ja – Tests veranstalten. Zum Beispiel neue Designs ausprobieren, besondere Personalisierungen entwickeln oder neue visuelle Spielereien wie animierte GIFs (siehe Tipp 61) erproben.

# #89 Ein E-Mail-Marketingsystem ist kein CRM

Wir haben wirklich versucht, es ihnen auszureden. Insgesamt drei Meetings hatten wir zum Thema der Listenstruktur, in denen zäh verhandelt wurde, Vorschläge und Gegenvorschläge unterbreitet wurden. Letztendlich hat der Kunde einen Großteil seiner Wünsche durchgesetzt und eine Liste mit insgesamt zwölf Feldern – allesamt sichtbar und für die Abonnenten veränderbar – wurde erstellt.

Die Argumentation des Kunden war ebenso bestechend einfach wie falsch: »Wenn wir uns schon die Arbeit machen, alle unsere Adressbestände zu konsolidieren, dann soll das E-Mail-Marketingprogramm in Zukunft der zentrale Speicherort für alle unsere Adressen sein.«

Das Zusammentragen von Adressen und das Vorbereiten für den Import kann ein ziemlicher Aufwand werden. Das Programm aber als Customer-Relationship-Management-System (CRM), also als Adress- und Kundenkontakt-Datenbank zu benutzen, ist aus mehrfacher Sicht der falsche Ansatz:

Zum einen können sich Abonnenten jederzeit vom Newsletter abmelden. Die Daten werden dann zwar nicht von der Liste gelöscht – sie kön-

nen aber weder vom Abonnenten noch von Ihnen weiterhin gepflegt
werden.

| Field label and type | | Required? | Visible? | Put this tag in your content: | Default merge tag value | |
|---|---|---|---|---|---|---|
| E-Mail Addresse | email | ☑ | ☑ | *\|EMAIL\|* or *\|MERGE0\|* | | |
| Vorname | text | ☐ | ☑ | *\| FNAME \|* or *\|MERGE1\|* | | 🗑 |
| Name | text | ☐ | ☑ | *\| LNAME \|* or *\|MERGE2\|* | | 🗑 |
| Anrede | text | ☐ | ☑ | *\| MMERGE3 \|* or *\|MERGE3\|* | | 🗑 |
| Adresse | text | ☐ | ☑ | *\| MMERGE4 \|* or *\|MERGE4\|* | | 🗑 |
| PLZ | number | ☐ | ☑ | *\| MMERGE5 \|* or *\|MERGE5\|* | | 🗑 |
| Ort | text | ☐ | ☑ | *\| MMERGE6 \|* or *\|MERGE6\|* | | 🗑 |
| Land | text | ☐ | ☑ | *\| MMERGE7 \|* or *\|MERGE7\|* | | 🗑 |
| Telefon | text | ☐ | ☑ | *\| MMERGE8 \|* or *\|MERGE8\|* | | 🗑 |
| Handy | text | ☐ | ☑ | *\| MMERGE9 \|* or *\|MERGE9\|* | | 🗑 |
| Beruf / Funktion | text | ☐ | ☑ | *\| MMERGE10 \|* or *\|MERGE10\|* | | 🗑 |
| Firma | text | ☐ | ☑ | *\| MMERGE11 \|* or *\|MERGE11\|* | | 🗑 |

**Abbildung 1.38:** Viel zu viele Listenfelder und auch noch für jeden Abonnenten
veränderbar

Die Datenpflege dem Abonnenten zu überlassen, klingt zwar nach einer
großen Vereinfachung, geht aber von der Kooperationsbereitschaft der
Abonnenten aus. Selbst wenn diese gegeben sein sollte, kennen die
Abonnenten aber noch lange nicht Ihre internen Vorgaben zur Adresskon-
solidierung. Sie werden einen Mischmasch aus »Bahnhofstr.«, »Bahnhof-
strasse« und »Bahnhofstraße« oder »(0241) 53807130«, »+49-241-
538071-30«, »024153807130« und Ähnlichem finden.

Einigen Abonnenten dürfte die Menge der über sie gespeicherten Daten
nicht gefallen und sie könnten versucht sein, Angaben aus der Liste zu
löschen oder falsche Angaben zu hinterlassen. Wenn Sie sich auf das
E-Mail-Marketingprogramm als zentrale Datenbank verlassen, haben Sie
keinerlei Möglichkeit, korrumpierte oder gelöschte Daten zu erkennen.

# #90 Ein Anmeldeformular ist keine Marktforschung

Nicht erst seit den Datenskandalen der jüngsten Zeit stellt man eine direkte Relation zwischen der Zahl der Neuanmeldungen und der Zahl der auszufüllenden Felder fest. Je weniger Daten Sie abfragen, desto mehr Anmeldungen werden Sie bekommen.

Fragen nach dem Investitionsvolumen, dem Anschaffungshorizont, der Mitarbeiterzahl oder dem frei verfügbaren persönlichen Einkommen können Sie sich sparen. Sie werden entweder falsche oder gar keine Angaben bekommen und ein gerüttelt Maß an potenziellen Abonnenten werden sich gar nicht erst anmelden.

Allein eine scheinbar so harmlose Frage, wie die nach dem Geburtsdatum, wird nicht das Ergebnis bringen, das Sie sich erhoffen, denn eine erstaunlich hohe Zahl von Abonnenten wird wenige Tage nach der Anmeldung Geburtstag haben. Oder behaupten, Geburtstag zu haben, um zu schauen, was Sie denn so als Geschenk versenden.

Viele Newsletter-Einsteiger verwechseln die Newsletter-Anmeldung leider immer noch mit einer vermeintlich einfachen und billigen Methode der Marktforschung. Das ist sie aber keinesfalls. Wollen Sie viele Anmeldungen, dann erfassen Sie so wenige Daten wie möglich.

# #91 Machen Sie niedrigschwellige Angebote

Selbst wenn Sie bei der Anmeldung – hoffentlich mit gutem Grund – diverse Daten abfragen möchten, sollten Sie sich überlegen, ob Sie diese Daten nicht auch später noch erheben können.

Je weniger Angaben Sie abfragen, desto niedriger ist die Schwelle zur Anmeldung. Idealerweise fragen Sie im ersten Schritt nur die E-Mail-Adresse ab, denn die benötigen Sie ja in jedem Fall. Ein Anmeldeformular nur mit der einen Zeile wirkt sehr viel einladender als der Fragebogen, den man mitunter – besonders im B2B-Bereich – findet.

Sollten Sie dann *wirklich* noch weitere Angaben benötigen, können Sie entweder versuchen, diese manuell zu ergänzen (vergleiche Tipp 43), oder die Abonnenten um Mithilfe bitten.

Die meisten E-Mail-Marketingprogramme erlauben es dem Abonnenten, seine Angaben zum Newsletterbezug zu ändern. Diese »Profile Update«-Seite können Sie verlinken und dem Neu-Abonnenten dann über eine Marketing-Automation einige Zeit nach der Anmeldung mit der Bitte um Vervollständigung seiner Daten zukommen lassen.

Überlegen Sie sich aber bei jedem zusätzlichen Feld eine Begründung, die auch einem skeptischen potenziellen Abonnenten standhält.

# #92 Die Anmeldung ist ein Geschäft

Warum machen Sie E-Mail-Marketing? Weil Sie Ihre Angebote, Produkte, Dienstleistungen und Tätigkeiten bekannt machen wollen. Selbst wenn Sie in einem Verein oder einem Non-Profit tätig sind, ist Ihr Newsletter »geschäftsmäßig«, denn er soll Mitglieder informieren, die Attraktivität des Vereins steigern oder Spenden einwerben.

Warum abonniert jemand Ihren Newsletter, wohl wissend, dass Sie – unterm Strich – etwas verkaufen wollen? Weil grundsätzliches Interesse an Ihren Leistungen besteht und man sich einen Vorteil welcher Art auch immer verspricht.

Die Anmeldung zum Newsletter ist also ein Geschäft: meine E-Mail-Adresse gegen einen Vorteil.

Behandeln Sie die Anmeldung daher als Geschäft. Bieten Sie einen Vorteil, der für den Abonnenten greifbar ist. Das einfachste Beispiel ist hier der Willkommensgutschein, wie ihn viele Onlineshops anbieten. Meldet man sich zum Newsletter an, erhält man umgehend einen Gutschein, der einen Nachlass auf den nächsten Kauf gewährt. Das Geschäft ist klar: Ich gebe meine E-Mail-Adresse, dafür bezahle ich weniger. Und der Shop-Betreiber hofft, weiteren Umsatz generieren zu können, indem er mir Angebote sendet.

Reden Sie also nicht um den heißen Brei, sondern sagen Sie den Abonnenten ganz klar, was sie erwartet: »Wir senden Ihnen zwei Mal im Monat Informationen zu neuen Produkten und aktuellen Aktionen.« Das ist klar, präzise und beide Seiten wissen, worum es geht.

## #93 Es muss nicht immer ein Gutschein sein

Zwar ist der Neuabonnentengutschein die gängigste »Währung«, mit der neue Adressen »gekauft« werden, aber bei Weitem nicht die einzige Idee. Vielleicht *können* Sie gar keine Gutscheine ausstellen oder Ihr Geschäftsmodell erlaubt keinen Margenverzicht durch Gutscheine. Dann ist Kreativität gefragt.

Sehr häufig sieht man exklusive Informationen als Gegenleistung für die Adresse. Ein PDF-Dokument mit wertvollen (aber bitte *wirklich* wertvollen) Tipps zum Beispiel oder Anleitungen und Rezepten. Exklusive Videoinhalte oder Downloads sind auch eine Möglichkeit.

Das schönste Beispiel habe ich vor einigen Jahren gesehen (und leider erinnere ich mich nicht mehr an die Webadresse). Es war von einem Antiquitätenhändler, dessen Newsletter-Abonnenten zwei Tage *früher* von neuen Stücken erfuhren, bevor diese auf der Website für die Allgemeinheit öffentlich zugänglich waren. Die Abonnenten hatten also einen Informationsvorsprung und konnten sich begehrte Stücke vorab sichern.

## #94 Die Anmeldung lieber einmal zu viel anbieten als einmal zu wenig

Es klingt paradox, aber viele Firmen verstecken ihre Newsletter-Anmeldung fast schamhaft auf der Website. Da muss man dann die KONTAKT-Seite suchen und dort findet sich dann an den Rand gedrängt die Anmeldung, wenn es keine Umstände macht, und nein, bitte fühlen Sie sich nicht belästigt, nur wenn es passt, wirklich, morgen geht auch noch.

Was soll das? Wie kommt man auf die Idee, das günstigste und effektivste Werkzeug des Onlinemarketings zu verstecken? Setzen Sie es prominent auf die Startseite. Bauen Sie es in den Footer der Seite ein. Nicht stattdessen, sondern zusätzlich! Bauen Sie es auf die Kontaktseite ein. Machen Sie ein Pop-up, wenn der Benutzer die Seite verlässt. Nutzen Sie jede Gelegenheit, die Anmeldemaske unterzubringen.

## #95 Die Einwilligung erlischt nach einem Jahr Inaktivität

Erinnern Sie sich an Tipp 1? Senden Sie mehr E-Mails! Ich sehe aber auch, dass sich viele Leute damit schwertun. Es gibt aber einen guten Grund, drei bis vier Mal im Jahr einen Newsletter zu versenden, denn nach Einschätzung vieler Fachleute und Juristen erlischt die Einwilligung zum E-Mail-Marketing nach einem Jahr Inaktivität.

Daneben gibt es aber noch eine weniger formelle Einschätzung. Personen vergessen, dass sie sich zu Newslettern angemeldet haben. Erinnern Sie sich an die Schwemme der Mails, die Sie rund um die Einführung der DSGVO bekommen haben. Da waren Newsletter dabei, von denen Sie gar nicht mehr wussten, dass Sie sie abonniert hatten.

Wenn Sie nicht regelmäßig versenden, dann überrascht ein plötzlicher Newsletter Ihre Empfänger und Sie werden überdurchschnittlich viele Abmeldungen erhalten. Ab einer Frequenz von drei bis vier im Jahr ist diese Wahrscheinlichkeit geringer – bei monatlichen quasi inexistent.

## #96 § 7 Abs. 2 Nr. 3 UWG

Das »Gesetz gegen den unlauteren Wettbewerb« hatte ich schon einmal ganz früh in Tipp 5 erwähnt – jetzt kommt es auf den letzten Seiten zum zweiten Mal.

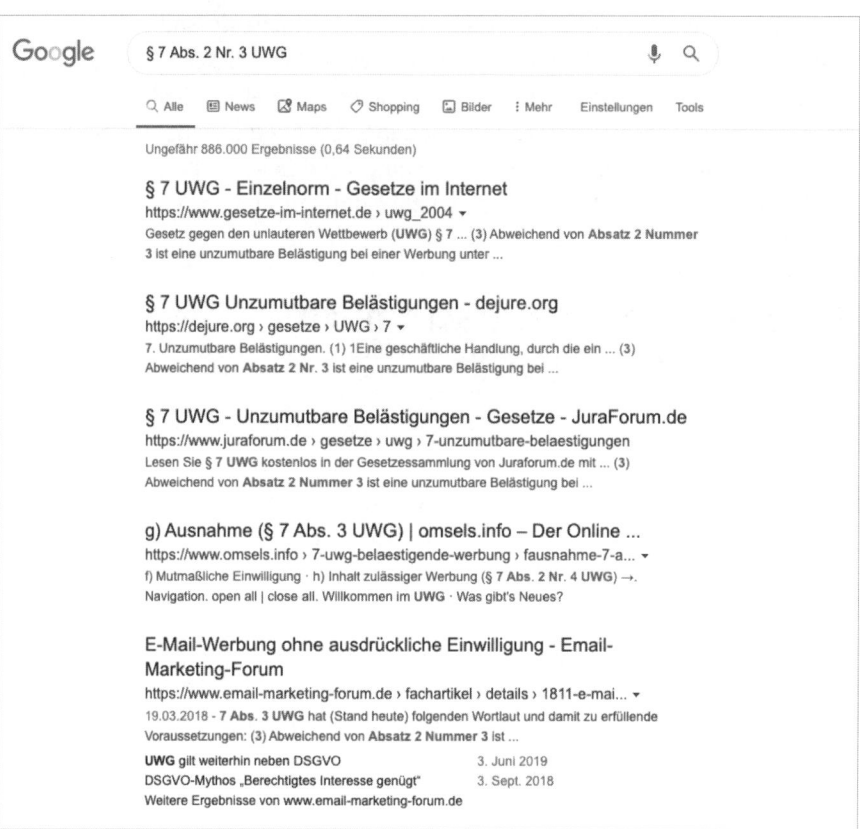

**Abbildung 1.39:** Eine lesenswerte Lektüre

Paragraph 7 regelt nämlich die Umstände, unter denen Sie *keine* explizite Einwilligung des Empfängers benötigen, um E-Mail-Marketing zu betreiben. Dafür müssen vier Dinge erfüllt sein:

- Die Person muss über den Umstand informiert sein, dass die E-Mail-Adresse für Marketingzwecke genutzt wird.

- Die Person muss sich jederzeit ohne zusätzliche Kosten abmelden können.

- Es muss eine aktive Geschäftsbeziehung bestehen.

- Der Inhalt des E-Mail-Marketings muss in einem Bezug zur Geschäftsbeziehung stehen.

Diese Regelungen lassen einigen Interpretationsspielraum offen. Was ist zum Beispiel eine aktive Geschäftsbeziehung? Der Kauf in einem Onlineshop ist da eindeutig, aber was ist, wenn die Ware retourniert wurde? Ist das dann noch eine aktive Geschäftsbeziehung? Und was ist mit unentgeltlichen Dingen wie der Registrierung (und Teilnahme an) zu einem Webinar? Ist das eine Geschäftsbeziehung?

Auch der Bezug zur Geschäftsbeziehung ist nicht klar definiert. Wenn ich im Onlineshop einen Grill gekauft habe, dann ist ein Newsletter über Kohle, Grillzangen oder Grillhandschuhe sicher thematisch nah genug. Was ist mit Werbung für Fleisch? Klingt thematisch nah, aber vielleicht bin ich ja Veganer? Was ist mit Urlaubsreisen? In die USA, um Barbecue-Geheimnisse zu lernen? Nah genug dran? Was ist mit anderen Reisen?

Trotz aller Unsicherheiten ist Paragraph 7 aber ein guter Helfer, der viele Anwendungen ermöglicht und gerade bei Onlineshops sehr hilfreich ist. Im Zuge immer strengerer Datenschutzgesetze sollten Sie sich aber darauf einstellen, dass Paragraph 7 irgendwann eingeschränkt wird oder ganz wegfällt. Wenn Sie also die Einwilligung Erfolg versprechend einholen *können*, dann sollten Sie es proaktiv tun.

# #97 Kaufen Sie keine Adressen

Wann immer bisher in Projekten gekaufte Adressen im Spiel waren, war das Ergebnis wenig berauschend. Bei B2B-Adressen ging es oft noch so halbwegs, bei B2C-Adressen waren die Ergebnisse in der Regel grottig.

Nehmen wir zunächst die B2C-Adressen. Diese werden in der Regel über Gewinnspiele erfasst, das heißt, Privatpersonen werden Gewinne in Aussicht gestellt und im Kleingedruckten steht dann, dass diese Adressen für Werbe- und Marketingzwecke über Partner genutzt werden. Oder anders ausgedrückt: Diese Personen wollten einen Porsche gewinnen und bekommen jetzt von Ihnen einen Newsletter über Zahnersatz. Nicht nur werden die Resultate schlecht sein, auch werden die Abmelderaten so hoch sein, dass Sie Ärger mit dem Anbieter des E-Mail-Marketingprogramms bekommen (der höchstwahrscheinlich aus gutem Grund die Nutzung von gekauften Adressen untersagt hat).

Nicht viel besser ist es bei B2B-Adressen. Diese stammen zwar nicht aus Gewinnspielen, aber die Datenqualität der Adresshändler ist dennoch meist nicht sehr hoch und berücksichtig auch eher selten die Fluktuation bei Arbeitsverhältnissen.

# #98 Löschen Sie alles, was nach Anwalt aussieht

Ich kenne einige Anwälte persönlich und es sind alles angenehme, professionelle und seriöse Menschen. Leider trifft das nicht auf alle Anwälte zu und man findet unter diesen – wie in jeder Gruppe Menschen – auch solche, die es eher auf die vermeintlichen Schwächen ihrer Mitmenschen abgesehen haben. Während das bei einem Busfahrer vielleicht nur das vorzeitige Schließen der Tür zur Folge hat, ist ein Anwalt nun mal leider ein Anwalt und hat das Potenzial, einem das Leben ungleich schwerer zu machen. Und das auch noch, im wahrsten Sinne des Wortes, mit Recht.

Sie stechen nicht freiwillig in ein Wespennest, Sie streicheln nicht freiwillig den zähnefletschenden Hund und Sie klettern nicht freiwillig (hoffe ich) über die Gleise, um schneller auf den nächsten Bahnsteig zu kommen. Warum also Anwälte in Ihrem E-Mail-Verteiler lassen?

Exportieren Sie Ihre Adressliste in Excel oder eine andere Tabellenkalkulation und sortieren Sie nach der Firmenspalte. Löschen Sie alle Zeilen, in denen »Anwalt«, »Kanzlei« oder »Sozietät« steht. Wiederholen Sie das Gleiche mit den Spalten für Vorname, Nachname und E-Mail-Adresse. Dort können Sie dann auch gleich auf »Ra.« oder »Rain.« prüfen.

Ja, so werden Sie auch den ein oder anderen Notar erwischen. Ja, so werden Sie auch den ein oder anderen potenziellen Kunden verlieren. Aber Sie senken auch Ihr Abmahnrisiko.

# #99 Bilden Sie eine Rückstellung für Anwaltskosten

Dieser Tipp geht auf den Gründer unserer Agentur, Tobias Kollewe, zurück. Er hat Kunden, die eine neue Website oder einen neuen Onlineshop von uns bekamen, immer empfohlen, einen geringen Teil der monatlichen Erlöse in eine Rückstellung für Anwaltskosten zu investieren. Seine Argumentation war, dass es nicht die Frage ist, *ob* eine Abmahnung hereinflattert, sondern *wann* sie es tut.

Eine Abmahnung ist immer mit Ärger verbunden, selbst wenn sie – wie übrigens viele Abmahnungen – unberechtigt ist. Sie verursacht auf jeden Fall Arbeit und Aufwand und Sie sind gut beraten, nicht eigenständig zu reagieren, sondern Ihren Anwalt zu konsultieren.

Gleiches gilt für Onlinemarketing-Aktivitäten jeglicher Art. Die Gesetzgebung im Onlinebereich ändert sich langsam und lässt viel Interpretationsspielraum (siehe Tipp 96). Das öffnet Mitbewerbern und Abmahnfirmen viele Fronten, auf denen Abmahnungen erwirkt werden können. Mit einer Rückstellung für Anwaltskosten lässt sich dem etwas gelassener entgegensehen.

# #100 Seien Sie diszipliniert

E-Mail-Marketing ist nichts für sprunghafte Naturen. E-Mail-Marketing erfordert nicht nur Planung, sondern auch einen Plan. Etablieren Sie für sich und Ihre Mitstreiter Verfahren wie zum Beispiel für das Korrekturlesen und die Freigabe und halten Sie sich daran. Das heißt nicht, dass Verfahren nicht wieder geändert werden können. Aber auch dies sollte mit Bedacht und Überlegung geschehen.

Das wichtigste Gut, das Sie im E-Mail-Marketing haben, ist das Einverständnis des Benutzers, dass Sie Mails senden dürfen. Dieses Einverständnis verspielen Sie leicht durch Newsletter mit handwerklichen Fehlern.

# #101 Suchen Sie Hilfe

Herzlichen Glückwunsch, Sie haben bis jetzt 100 Tipps zum E-Mail-Marketing gelesen. Einiges haben Sie sicherlich schon gekannt, vieles war hoffentlich neu für Sie. Möglicherweise haben Sie das ein oder andere direkt umgesetzt. Das würde mich freuen.

Gleichzeitig haben Sie aber auch gemerkt, was für ein komplexes Thema das Ganze ist und wie viele Fallen es zu vermeiden gilt. Scheuen Sie sich nicht, nach professioneller Hilfe zu suchen. Die Werkzeuge des Internets suggerieren immer, das alles einfach ist und man alles selber machen kann. Das machen die Hersteller von Lösungen natürlich mit Absicht, denn so vergrößern sie ihren Markt. Oft liegt aber der Teufel im Detail.

Wir bei der AIXhibit AG erleben nahezu täglich, dass es halt doch nicht so einfach ist, wie es scheint. Wir helfen unseren Kunden, die Klippen des Onlinemarketings zu meistern und mehr aus ihren Aktivitäten zu machen.

Ich würde mich natürlich freuen, wenn Sie sich mit Ihren Projekten im E-Mail-Marketing und Onlinemarketing an uns wenden. Noch mehr würde ich mich freuen, wenn Sie sich *überhaupt* an einen Profi wenden würden, wenn Sie nicht mehr weiterkommen und bevor Sie etwas kaputt machen und beispielsweise Ihren Adressbestand vernichten. Agenturen wie wir können auch punktuell helfen, mitunter gar als eine Art »Feuerwehr« oder Sie durch Schulungen und Strategieberatungen unterstützen.

Um Hilfe zu bitten, ist oft die bessere und ökonomischere Lösung, als sich durchzuwurschteln. Und keine Angst, wir halten Sie nicht für blöd, wenn Sie sich mit Ihrem Problem melden. Eher im Gegenteil.

Ich wünsche Ihnen, auch im Namen meiner Agentur, viel Erfolg bei Ihren Aktivitäten und ich hoffe, diese 101 Tipps haben Ihnen etwas gebracht – und sei es nur Spaß beim Lesen.

# Stichwortverzeichnis

Michael Keukert
Tobias Kollewe

# MailChimp
## Das Praxis-Handbuch
### E-Mail-Marketing für B2B und B2C

Zweite, überarbeitete und erweiterte
Auflage

**Vom Setup des Accounts über die Newsletter-Gestaltung bis zur Erfolgskontrolle**

**Anlegen von Adresslisten, Gruppen und Segmenten, Import und Export von Listen, Aufsetzen von Kampagnen sowie Newsletter-Versand inkl. A/B-Tests**

**Zahlreiche Schritt-für-Schritt-Anleitungen und wertvolle Praxistipps für erfolgreiches E-Mail-Marketing**

MailChimp ist einer der weltweiten Marktführer im Bereich der E-Mail-Marketing- und Newsletter-Software und ist für jeden geeignet – ganz unabhängig vom Einsatzgebiet: Unternehmen, Organisationen, Blogger und private Anwender können MailChimp kostenlos zum Versand von Newslettern und Transaktionsmails und für die Marketing-Automation nutzen.

Mit diesem Praxis-Handbuch erhalten Sie eine leicht verständliche Einführung in MailChimp. Alle Themen werden Schritt für Schritt und praxisnah erläutert. Fortgeschrittenen Nutzern dient das Buch als praktisches Nachschlagewerk mit umfangreichem Stichwortverzeichnis.

Neben einer grundlegenden Einführung in das Thema E-Mail-Marketing und Newsletter-Versand behandeln die Autoren detailliert alle Themen, die für die Arbeit mit MailChimp eine Rolle spielen:

Nach dem Setup des Accounts erfahren Sie, wie Sie Listen für Ihre E-Mail-Adressen erstellen und diese effizient verwalten. Ausführlich und Schrittt für Schritt wird beschrieben, wie Sie die Anmeldeformulare und die Benutzeroberfläche so überarbeiten, dass sie den Anforderungen an modernes E-Mail-Marketing optimal gerecht werden.

Nachdem die Grundsteine gelegt sind, geht es um das Design und den Versand Ihrer Newsletter: Die Autoren zeigen, welche Templates zur Verfügung stehen, und Sie lernen alle verfügbaren Inhaltselemente kennen. Sie erfahren, wie Sie einzelne Kampagnen aufsetzen, versenden und mittels Statistiken und A/B-Tests den Erfolg Ihrer Newsletter kontrollieren.

Für den fortgeschrittenen Einsatz gehen die Autoren am Ende des Buches noch auf Facebook- und Instagram-Kampagnen, Webhooks, die API-Programmierung und MailChimp-Apps ein.

**ISBN 978-3-95845-665-5**

Probekapitel und Infos erhalten Sie unter:
**www.mitp.de/665**

Marco Hassler

# Digital und Web Analytics
### Metriken auswerten, Besucherverhalten verstehen, Website optimieren

*5., aktualisierte Auflage*

**Metriken analysieren und interpretieren**

**Besucherverhalten verstehen und auswerten**

**Digital-Ziele definieren, Webauftritt optimieren und den Erfolg steigern**

Digital Analytics bezeichnet die Sammlung, Analyse und Auswertung von Daten der Nutzung aller digitalen Kanäle. Das Ziel dabei ist, diese Informationen zum besseren Verständnis des Besucherverhaltens sowie zur Optimierung der gesamten digitalen Internetpräsenz zu nutzen. Je nach Ausrichtung des jeweiligen Digitalkanals – z.B. für die Steigerung der Anzahl von Kontaktanfragen, Leads oder Bestellungen auf einer Website oder auch für die Vermittlung eines Markenwerts – können Sie anhand von Analytics herausfinden, wo sich Schwachstellen befinden und wie Sie Ihre eigenen Ziele durch entsprechende Optimierungen besser erreichen.

Marco Hassler gibt Ihnen sowohl eine schrittweise Einführung als auch einen umfassenden Einblick in die Tiefe der Analytics-Metriken. Mit diesem Buch finden Sie z.B. heraus, welche Traffic-Quelle die wertvollsten Besucher bringt oder welche Bereiche der Website besonders verkaufsfördernd sind. Auf diese Weise werden Sie Ihre Besucher sowie deren Verhalten und Motivation besser kennenlernen, Ihre Digitalkanäle darauf abstimmen und somit Ihren digitalen Erfolg steigern.

Darüber hinaus schlägt das Buch auch die Brücke zu angrenzenden Themenbereichen wie Usability, User Centered Design, Customer Journey, Online Branding, Social Media, Digital Marketing und Suchmaschinenoptimierung.

Ziel dieses Buches ist es, einen schnellen Einstieg in dieses umfassende Thema zu geben und konkrete Digital-Analytics-Kenntnisse zu vermitteln. Marco Hassler erklärt technische Hintergründe einfach und verständlich, gibt Ihnen klare Ratschläge und Anleitungen, wie Sie Ihre Ziele erreichen, sowie wertvolle praxisorientierte Tipps.

ISBN 978-3-7475-0045-3

Probekapitel und Infos erhalten Sie unter:
www.mitp.de/0045

Kristina Kobilke

# Marketing mit Instagram

*4. Auflage*

Eine professionelle Social-Media-Strategie entwickeln und umsetzen

Content und Bildsprache für Stories und Posts

Influencer-Marketing und Werbung auf Instagram

Mit vielen Beispielen und Tipps zu nützlichen Apps

KRISTINA KOBILKE

## MARKETING MIT INSTAGRAM

### DAS UMFASSENDE PRAXIS-HANDBUCH

Mit professioneller Strategie, Influencer Marketing und Werbung zum Erfolg

mitp

4. Auflage

Auf Instagram ist die Marken- und Kaufaffinität der Nutzer besonders hoch. Beiträge von Unternehmen werden hier regelmäßig mit Interaktionen belohnt und sind Inspiration für den nächsten Kauf. Im heutigen Marketing-Mix spielt Instagram daher eine immer größere Rolle. Und wo sonst hat man die Möglichkeit, bestehende und potentielle Kunden nicht nur persönlich zu jeder Zeit und an jedem Ort, sondern auch emotional zu erreichen?

Dieser umfassende Leitfaden unterstützt Sie praxisnah dabei, eine eigene erfolgreiche Instagram-Strategie zu entwickeln und umzusetzen. Kristina Kobilke zeigt anschaulich, wie Sie Inhalte kreieren, die Aufmerksamkeit generieren und Interesse wecken, egal ob mit Ihrem Profil, Ihren Stories oder IGTV. Sie erläutert anhand vieler Beispiele, wie Sie Ihre individuelle Bildsprache und Tonalität zum Ausdruck bringen, Inhalte vorausplanen und in der richtigen Frequenz posten. Und damit Sie schnell echte Follower finden, erklärt Kobilke die Kommunikation mit der Community.

Umfangreiche Kapitel zu Influencer-Marketing und Werbung auf Instagram helfen Ihnen da-rüber hinaus, Meinungsführer zu erreichen, Ihre Bekanntheit zu erhöhen und Ihren Umsatz zu steigern. Für alle Themen stellt die Autorin zudem zahlreiche ergänzende Apps und nützliche Tools vor.

ISBN 978-3-7475-0065-1

Probekapitel und Infos erhalten Sie unter:
**www.mitp.de/0065**

Miriam Rupp

# Storytelling für Unternehmen

**Mit Geschichten zum Erfolg in Content Marketing, PR, Social Media, Employer Branding und Leadership**

**Storytelling als Basis für modernes Content Marketing**

**Wirkung und Erzählformate guter Geschichten**

**Zahlreiche anschauliche Beispiele und praktische Checklisten zur Ideenfindung**

Storytelling ist für Marketingabteilungen das neue Fundament in der Kundenkommunikation über alte und neue Kanäle wie PR, Content Marketing und Social Media.

Marken wie Red Bull, Apple, Coca-Cola, Dove oder airbnb sind heutzutage in aller Munde, wenn es um Brand Storytelling geht. Doch was genau machen sie anders, als wir es von der traditionellen Unternehmenskommunikation kennen? Was können Sie von ihnen lernen? Anhand konkreter Beispiele erfahren Sie in diesem Buch, wie Storytelling erfolgreich im Marketing und in der Unternehmensführung eingesetzt werden kann.

Im ersten Teil des Buches lernen Sie detailliert, welche Bestandteile eine gute Geschichte enthalten sollte, und erfahren, wie Sie für ihr Unternehmen Helden, Konflikte, ein Happy End und letztendlich Ihre eigene Rolle in einer Geschichte finden – passend zu Ihrer Unternehmensstrategie und -vision.

Der zweite Teil des Buches erläutert, wie Sie Ihre Geschichten optimal an Ihr Publikum bringen.

Die Autorin zeigt im dritten Teil des Buches, dass Storytelling nicht nur ein Thema für Lifestyle-Produkte wie Energy-Drinks oder Smartphones ist. Geschichten bieten gerade für technische oder Nischen-Themen oder auch im B2B-Bereich enormes Potenzial, das meist einfacher umzusetzen ist als angenommen.

Darüber hinaus ist Storytelling nicht nur ein Tool für die Kommunikation nach außen. Sie erfahren, inwiefern es auch für Employer Branding und Leadership generell von großer Bedeutung ist, um Mitarbeiter zu finden, zu halten und zu motivieren.

In jedem Kapitel finden Sie detaillierte Fragestellungen zur Ideenfindung, die Sie dabei unterstützen, Ihre eigene Story zu finden.

Zusätzlich geben Interviews mit Entrepreneuren, Agenturen und Storytelling-Verantwortlichen in Unternehmen ganz persönliche Eindrücke aus der Praxis.

ISBN 978-3-95845-242-8

Probekapitel und Infos erhalten Sie unter:
**www.mitp.de/242**

Foster Provost | Tom Fawcett

# Data Science für Unternehmen

## Data Mining und datenanalytisches Denken praktisch anwenden

**Die grundlegenden Konzepte der Data Science verstehen, Wissen aus Daten ziehen und für Vorhersagen und Entscheidungen nutzen**

**Die wichtigsten Data-Mining-Verfahren gezielt und gewinnbringend einsetzen**

**Zahlreiche Praxisbeispiele zur Veranschaulichung**

Die anerkannten Data-Science-Experten Foster Provost und Tom Fawcett stellen in diesem Buch die grundlegenden Konzepte der Data Science vor, die für den effektiven Einsatz im Unternehmen von Bedeutung sind.

Sie erläutern das datenanalytische Denken, das erforderlich ist, damit Sie aus Ihren gesammelten Daten nützliches Wissen und geschäftlichen Nutzen ziehen können. Sie erfahren detailliert, welche Methoden der Data Science zu hilfreichen Erkenntnissen führen, so dass auf dieser Grundlage wichtige Entscheidungsfindungen unterstützt werden können.

Dieser Leitfaden hilft Ihnen dabei, die vielen zurzeit gebräuchlichen Data-Mining-Verfahren zu verstehen und gezielt und gewinnbringend anzuwenden. Sie lernen u.a., wie Sie:

- Data Science in Ihrem Unternehmen nutzen und damit Wettbewerbsvorteile erzielen
- Daten als ein strategisches Gut behandeln, in das investiert werden muss, um echten Nutzen daraus zu ziehen
- Geschäftliche Aufgaben datenanalytisch angehen und den Data-Mining-Prozess nutzen, um auf effiziente Weise sinnvolle Daten zu sammeln

Das Buch beruht auf einem Kurs für Betriebswirtschaftler, den Provost seit rund zehn Jahren an der New York University unterrichtet, und nutzt viele Beispiele aus der Praxis, um die Konzepte zu veranschaulichen.

Das Buch richtet sich an Führungskräfte und Projektmanager, die Data-Science-orientierte Projekte managen, an Entwickler, die Data-Science-Lösungen implementieren sowie an alle angehenden Data Scientists und Studenten.

**ISBN 978-3-95845-546-7**

Probekapitel und Infos erhalten Sie unter:
**www.mitp.de/546**

Sabrina Forst

# Erfolgreiche Webtexte
## Verkaufsstarke Inhalte für Webseiten, Online-Shops und Content Marketing

2. Auflage

**Die wesentlichen Elemente zielorientierter Webtexte**

**Themen und Inhalte für Content Marketing und Blogs**

**Storytelling, Werbe- und PR-Texte**

Die textlichen Bausteine Ihrer Website haben einen enormen Einfluss auf Ihren Erfolg im Internet.

Über suchmaschinenoptimierte Inhalte holen Sie Besucher auf die Seite. Mit klaren Beschriftungen, knackigen Überschriften, Infotexten und Produktbeschreibungen beantworten Sie Fragen, beraten und begeistern. Durch transparente Team- und Firmenvorstellungen bauen Sie Vertrauen auf und machen Interessenten zu Kunden.

Frische Inhalte geben Anlass, auf Ihre Seite zurückzukehren. Hierbei sorgen verschiedene Content-Formate und Storytelling für Spannung und Abwechslung. Gleichzeitig machen Sie durch Pressemitteilungen, Fachartikel und Interviews die Medien auf Ihr Angebot aufmerksam.

In diesem Buch lernen Sie, wie Sie verkaufsstarke Texte für alle Bereiche Ihres Webauftritts erstellen.

Teil I des Buches beschäftigt sich mit der Grundausstattung Ihrer Website. Sie erfahren, wie eine gezielte Kundenansprache gelingt, welche Basistexte Sie brauchen und wie Sie diese für die Suchmaschinen optimieren.

Teil II behandelt den inhaltlichen Ausbau. Ein Mix aus Information, Unterhaltung und Interaktivität hält die Besucher bei Laune und lädt zum regelmäßigen Besuch ein.

In Teil III geht es um Social Media, Online-Marketing und Online-PR. Sie erfahren u.a., wie man Werbeanzeigen, Landingpages und Pressemitteilungen schreibt.

Teil IV hat das Outsourcing von Texten zum Inhalt. Hier bekommen Sie Tipps und Informationen zur Auslagerung der Texterstellung.

ISBN 978-3-95845-264-0

Sepita Ansari | Wolfgang Müller

# Content Marketing
## Das Praxis-Handbuch für Unternehmen
### Strategie entwickeln, Content planen, Zielgruppe erreichen

**Ziele richtig definieren und Strategie entwickeln als Basis für den gesamten Content-Marketing-Prozess**

**Marke stärken und Kunden entlang der gesamten Customer Journey aktivieren**

**Zahlreiche Beispiele, Praxis-Tipps, Checklisten und nützliche Tools**

Content Marketing stellt den Kunden in den Mittelpunkt aller Aktivitäten. Dabei vermitteln gezielt geplante Inhalte zwischen dem Angebot des Unternehmens und den Bedürfnissen der Kunden. Unternehmen und Kunden wachsen damit enger zusammen und die Wertschöpfung steigt.

Für effektives Content Marketing benötigen Sie einen klaren Plan, um das Potenzial für Ihr Unternehmen voll auszuschöpfen. Mit diesem Buch erhalten Sie einen Leitfaden, der praxisnah erläutert, worauf es ankommt. Wesentlich ist dabei, dass erfolgreicher Content immer zielgerichtet und auf Basis einer umfassenden Strategie entsteht.

Sie lernen, Content-Marketing-Ziele im Einklang mit Unternehmenszielen zu definieren, geeignete KPI zu bestimmen und auf dieser Basis Ihre Content-Strategie zu entwickeln. Ausgehend davon werden als weitere Schritte die Content-Planung, -Produktion und -Distribution bis hin zur Analyse behandelt.

Sie erfahren, wie Sie die Interessen und Bedürfnisse Ihrer Zielgruppe analysieren, um Ihren Content darauf abstimmen zu können. Die Autoren erläutern, wie wichtig die Customer Journey ist, die den Kaufprozess in Phasen unterteilt. Sie zeigen auf, dass die Nutzer in jeder Phase mit unterschiedlichen Inhalten bedient werden müssen. Anhand von Beispielen aus der Praxis lernen Sie, den Content für jede Phase der Customer Journey optimal zu planen.

Angeleitet durch dieses Buch wählen Sie die Kanäle und Distributionsplattformen bewusst aus, um mit potenziellen und bestehenden Kunden in den Dialog zu treten. Abschließend zeigen die Autoren, wie Sie mit Analytics-Methoden überprüfen, ob Sie Ihre strategischen Ziele erreichen.

Ines Eschbacher

# Content Marketing
## Das Workbook

### Schritt für Schritt zu erfolgreichem Content

**Von der Content-Strategie über die -Planung, -Erstellung und -Distribution bis hin zum Controlling**

**Mit umfangreichem Kapitel zum Schreiben guter Webtexte**

**Zahlreiche Beispiele, praktische Checklisten und Aufgaben**

INES ESCHBACHER

CONTENT MARKETING

DAS WORKBOOK

Schritt für Schritt zu erfolgreichem Content

mitp

Content Marketing ist heutzutage ein unverzichtbarer Bestandteil in jedem Marketing-Mix des Unternehmens. Ob Ratgeber, How-to, Blogbeitrag oder Unternehmensinfo – es ist der Content, der dem Konsumenten in unterschiedlichsten Alltagssituationen das Leben erleichtert. Doch guter Content alleine reicht längst nicht mehr aus. Die Konsumenten wünschen sich relevante und nützliche Informationen und Content, der wirklich weiterhilft und offene Fragen beantwortet. Oder Content, der begeistert und ein Lächeln ins Gesicht zaubert.

Mit diesem Buch erhältst du eine Schritt-für-Schritt-Anleitung, die dich von Anfang bis zum Ende auf deinem Weg zu einem erfolgreichen Content Marketing begleitet und dir bei der praktischen Umsetzung zur Seite steht. Die Autorin führt dich schrittweise durch die fünf Phasen des Content-Marketing-Zyklus: von der Definition von Marke, Zielen und Zielgruppen über die strategische Content-Planung, -Erstellung und -Distribution bis hin zum Controlling.

In jedem Kapitel findest du Aufgaben und Challenges sowie zahlreiche Checklisten und Tipps, die dich bei der konkreten Umsetzung unterstützen. Zusätzlich bietet dir das Workbook genug Platz für deine eigenen Notizen, damit du sofort loslegen kannst.

Das Workbook richtet sich an Content-Marketing-Newbies und an alle, die mit ihren Content-Marketing-Maßnahmen inhaltlich und strategisch durchstarten möchten.

ISBN 978-3-95845-516-0

Probekapitel und Infos erhalten Sie unter:
www.mitp.de/516